资源环境承载能力和空间开发适宜性研究
——以临泽县、迭部县为例

Study on the Carrying Capacity of Resources and Environment and the Suitability of Space Development — a Case Study of Linze County and Diebu County

李振林　主　编

鲍立尚　屈　鹏　徐凤英
王　晶　李　娟　李　真　副主编

测绘出版社
·北京·

内容简介

本书立足西部地区实际情况,通过分析临泽县和迭部县的各类资源环境基础资料及专题资料,科学地构建了临泽、迭部两县资源环境承载能力和空间开发适宜性评价体系,并根据地表现状合理划分了城镇、农业和生态三类空间。本书中所采用的"双评价"研究体系和技术方法,对开展我国西部地区具有相似资源环境本底的地区研究具有重要的理论和实践价值。

本书可作为测绘、航空、信息、资源普查等领域人员的参考书。

图书在版编目(CIP)数据

资源环境承载能力和空间开发适宜性研究：以临泽县、迭部县为例 / 李振林主编. -- 北京：测绘出版社，2023.4

ISBN 978-7-5030-4470-0

Ⅰ. ①资… Ⅱ. ①李… Ⅲ. ①自然资源－环境承载力－评价－研究－甘肃②国土规划－适宜性评价－研究－甘肃 Ⅳ. ①X372.42②F129.942

中国国家版本馆 CIP 数据核字(2023)第 055338 号

资源环境承载能力和空间开发适宜性研究——以临泽县、迭部县为例
Ziyuan Huanjing Chengzai Nengli he Kongjian Kaifa Shiyixing Yanjiu——Yi Linze Xian、Diebu Xian Wei Li

责任编辑	侯杨杨	封面设计	李 伟	责任印制	陈姝颖

出版发行	**测绘出版社**	电 话	010—68580735(发行部)	
地 址	北京市西城区三里河路 50 号		010—68531363(编辑部)	
邮政编码	100045	网 址	www.chinasmp.com	
电子信箱	smp@sinomaps.com	经 销	新华书店	
成品规格	184mm×260mm	字 数	226 千字	
印 张	9.125	印 刷	北京捷迅佳彩印刷有限公司	
版 次	2023 年 4 月第 1 版	印 次	2023 年 4 月第 1 次印刷	
印 数	0001—1000	定 价	64.00 元	

书 号	ISBN 978-7-5030-4470-0
审 图 号	甘南 S(2020)008 号

本书如有印装质量问题,请与我社发行部联系调换。

前　言

党的十八届三中全会通过的《中共中央关于全面深化改革若干重大问题的决定》明确指出,"建立资源环境承载能力监测预警机制,对水土资源、环境容量和海洋资源超载区域实行限制性措施"。为深入贯彻党中央、国务院关于深化生态文明体制改革的战略部署,推动实现资源环境承载能力监测预警规范化、常态化、制度化,引导和约束各地严格按照资源环境承载能力谋划经济社会发展,中共中央办公厅、国务院办公厅印发了《关于建立资源环境承载能力监测预警长效机制的若干意见》(厅字〔2017〕25 号),国家发展和改革委员会、工业和信息化部、财政部等十三个部委印发了《资源环境承载能力监测预警技术方法(试行)》。中共甘肃省委办公厅、甘肃省人民政府办公厅印发了《关于建立资源环境承载能力监测预警长效机制的工作方案》(甘办发〔2017〕74 号)。资源环境承载能力深刻影响经济社会的发展,也是完善空间规划体系,推动空间规划研究的重要基础。

为积极探索甘肃省建立资源环境承载能力监测预警长效机制和国土空间规划研究,甘肃省发展和改革委员会结合甘肃省自然资源和生态环境特点及主体功能区规划,确定了张掖市临泽县和甘南藏族自治州迭部县为甘肃省资源环境承载能力监测预警研究试点地区。临泽县为西北干旱地区典型的绿洲区域,在甘肃省主体功能区规划中属于重点开发区;迭部县为西北地区降水相对充沛的高海拔山地区域,在甘肃省主体功能区规划中属于限制开发区。甘肃省基础地理信息中心承担甘肃省资源环境承载能力监测预警试点项目。经过项目组三年多的辛勤工作和刻苦钻研,试点项目已顺利完成。项目研究的核心内容为资源环境承载能力评价和空间开发适宜性评价(简称为"双评价"),是当前资源环境、国土空间规划研究的热点和难点。项目组通过总结梳理项目研究成果,撰写本书,实现学术成果转化,提供社会性和公益性的服务,同时期盼为同类研究提供学术借鉴,促进同领域学术交流。由于研究时间仓促和专业知识水平有限,书中恐有疏漏和不足,敬请同行和读者批评指出。本书中技术方法和最终成果仅为学术研究成果,不作为法定成果。书中生态保护红线、城镇开发边界和永久基本农田等研究内容的界线会随着经济发展和生态保护的需求而呈现动态变化,参考和研究相关内容请以国家公布和变更的最新法定界线为准。

本书秉承创新、协调、绿色、开放、共享的新发展理念,围绕国家生态文明建设重大发展战略,立足西部地区实际情况,通过分析临泽县和迭部县的各类资源环境基础资料及专题资料,科学地构建了临泽、迭部两县资源环境承载能力和空间开发适宜性评价体系,并根据地表现状合理划分了城镇、农业和生态三类空间。本书中所采用的"双评价"研究体系和技术方法,对开展我国西部地区具有相似资源环境本底的地区研究具有重要的理论和实践价值。

为完善资源环境承载能力监测预警研究体系和技术方法,使研究成果更加符合实际情况,在项目的研究过程中咨询了中国科学院地理科学与资源研究所、兰州大学、中国科学院西北生态环境资源研究院、兰州交通大学、西北师范大学等省内外专家的意见和建议,诚挚地感谢各位专家宝贵的学术指导和研究建议! 同时,感谢临泽县和迭部县当地人民政府对试点项目研究给予的大力支持!

　　本书是甘肃省地理信息中心资源环境承载能力监测预警项目组全体成员精诚合作的成果。各章节主要执笔人：第一章为屈鹏；第二章为李振林；第三、四章为屈鹏、徐凤英；第五章为李娟、屈鹏、徐凤英、王晶、李真、杨绮丽、王恺；第六章为屈鹏；第七章为李娟、屈鹏；第八章为屈鹏；第九章为李娟、王晶、徐凤英、李真、杨绮丽；第十章为李振林；第十一章为李娟、徐凤英、屈鹏、王晶、李真；第十二章为李娟、屈鹏；第十三章为李娟、屈鹏、王晶、徐凤英、李真；第十四章为屈鹏；第十五章为李娟、王晶、李真、徐凤英。全书由主编李振林负责总体框架设计、研究思路确定和最终统稿。杨绮丽、王君艳、蒋晨承担了资料收集、整理和出图工作。

目　录

序　篇

临　泽　县　篇

迭　部　县　篇

序

篇

第一章　绪　论

一、研究背景和意义

　　建立资源环境承载能力监测预警机制,对水土资源、环境容量和海洋资源超载区域实行限制性措施,是中央全面深化改革的一项重大任务(樊杰 等,2016)。2014 年 1 月,中共中央审议通过并印发了《中央有关部门贯彻落实党的十八届三中全会〈决定〉重要举措分工方案》,按照党中央、国务院的部署要求,国家发展和改革委员会会同中国科学院及国家相关部委共同承担"建立资源环境承载能力监测预警机制"深化改革任务(中办〔2014〕8 号)。三年来,通过借鉴全国主体功能区规划工作的成果经验(徐勇 等,2009;Fan et al,2012;樊杰 等,2016),结合京津冀地区资源环境承载能力监测预警试点工作,形成了《资源环境承载能力监测预警技术方法(试行)》。改革开放以来,我国经济迅速发展、城市化进程加快,与此同时,能源消耗也快速增长,空气中粉尘、臭氧、硫氧化物等污染物含量不断增加,进而导致雾霾频发、空气质量下降(王蕾 等,2018)。空气质量恶化会对人体健康、生态环境造成很大影响(孙小燕 等,2017),因此大气污染治理是我国环境治理的重要任务之一(何沙玮,2018)。

　　习近平总书记在党的十九大报告中指出,加快生态文明体制改革,建设美丽中国,"必须坚持节约优先、保护优先、自然恢复为主的方针,形成节约资源和保护环境的空间格局、产业结构、生产方式、生活方式,还自然以宁静、和谐、美丽"(黄贤金,2018)。治理大气环境问题首先要准确地监测和评估大气污染情况。因此对一个地区的大气质量评价非常重要,有助于认清大气环境质量所存在的问题,让大气污染防治做到有的放矢。

　　资源环境承载力的理论基础最初起源于承载力理论。承载力(carrying capacity)是物理学中的一个概念,指物体在不产生任何破坏时的最大负载,现已演变为对发展的限制程度进行描述的最常用术语(邓波 等,2003)。1798 年马尔萨斯提出人类种群增长论,阐述人口增长受食物供给限制的思想,承载力理论从此开始。随着资源匮乏、环境污染等问题的出现,承载力被应用于研究各种生态环境问题。较早就是对草地承载力研究。当时草地过度放牧和开垦,草地开始退化,适时引入承载力理论,对草地可持续发展进行了研究与规划。此后,人类逐渐认识到资源的稀缺性,不再局限于草地资源,开始对土地、水资源、森林资源及旅游资源等新兴资源进行研究。20 世纪 60、70 年代,水污染等全球性环境问题的恶化,引起了人们对环境承载力的思考。1995 年,诺贝尔经济学奖获得者 Arrow 在 Science 上发表了名为"经济增长、承载力和环境"的文章,在学界和政界均产生了极大的反响,进一步引起了人们对环境承载力相关问题的关注,更进一步引起对环境承载力研究的热潮。

　　随着环境问题进一步突出,越来越多的学者开始认识到,从生态环境的单一要素研究承载力,难以从根本上解决环境问题,需要从生态系统角度来研究生态承载力问题。1921 年,Park 和 Burgess,提出"生态承载力"概念,即"某一特定环境条件下(主要指生存空间、营养物质、光照等生态因子组合),某种个体存在数量的最高极限"。表征环境限制因子对人类社会物质增长过程的重要影响。因此,生态承载力概念的提出,使承载力研究从生态系统中的单一要素转向整个生态系统。

改革开放40多年来,我国各个领域取得了飞跃式发展,无论在工业化、城镇化还是人民群众的获得感等方面,我国综合国力得到显著提高。但是,人类活动的日益频繁也促使陆地表层地理格局发生深刻变化,加上全球气候变暖,导致极端气候现象频繁出现,各种自然灾害也呈现加剧态势,与此同时,不协调、不合理等问题与矛盾也随之而来。资源环境的稀缺性特点伴随着经济的发展越来越突出。据中国科学院可持续发展战略研究组统计,2012年,中国一次性能源消费包括煤炭和水电、钢材和铁矿石、水泥、常用有色金属和原木等占全球一次性能源消费的21.9%。另据联合国环境规划署2013年发布的《中国资源效率:经济学与展望》显示,到2008年,中国物质消费量达到226亿吨,占世界总量的32%,成为世界上最大的原材料消费国。污染物排放量远远超出环境容量的范围,环境污染加剧的趋势仍未得到根本性的遏制,环境质量呈现"局部改善、总体恶化"态势。随着国家加大整治力度,局部地区生态系统失衡有所好转,但水土流失、石漠化、水源涵养等问题仍然比较突出,国土开发和区域协调发展问题依然严峻。各类规划自成体系、内容冲突、缺乏衔接,还有资源浪费和贫富差距等问题亟待改善。明确国土空间发展的"主导功能格局",合理调控和引导人类活动作用,对谋求陆表格局有序变化、协调区域有序发展、促进空间有序开发具有重要的现实意义。

按照主体功能区布局,全国的国土空间被统一划分为四类主体功能区。不同功能区根据其功能定位制定适合自身发展的区域政策,既是新时期我国统筹区域发展、重塑区域发展新格局的重大战略与举措,也是科学发展观及可持续发展观念具体落实的重要表现。

党的十八大以来,国家把生态文明建设放在了突出地位,确立了生态文明在新时期国家战略中的基础作用。在党的十九大上,习近平总书记进一步指出建设生态文明是中华民族永续发展的千年大计。实施主体功能区制度化建设已成为国家改革发展面临的新形势、新任务。推进形成主体功能区,是全面落实习近平新时代中国特色社会主义思想的重要举措,有利于引导经济布局、人口分布与资源环境承载能力相适应,促进社会经济、生态系统及资源环境的空间均衡;使生态和环境持续恶化状态得到有效缓解;打破行政区划界线,通过有针对性的政策措施,促进国土空间有序协调开发。建立具有中国特色的空间规划体系已明确为国家任务,以国、省两级主体功能区规划为基础,在市县域尺度推进形成空间评价、空间叠加(即"多规合一")、空间布局和空间政策"四位一体"的空间规划框架是该任务的核心内容。其中,国土空间开发条件适宜性评价一方面是地理学的传统优势领域,另一方面也亟待在目标导向、指标体系、分析单元、技术路线等方面进行深化,以此适应县域尺度空间功能识别的实践性需求,对厘清县域内部空间功能划分和定位,建立功能明确、分工合理、优势互补的县域空间发展格局具有重要的意义。

二、国内外研究进展

承载力概念的发展经历了从自然生态系统的种群承载力、人类生态系统的资源承载力、环境承载力到生态承载力的过程。每一个概念的产生和定义,不仅包含了对前一个阶段含义的拓展,也与人类社会经济发展背景存在着极强的相关关系(徐琳瑜 等,2011)。由于研究基点与目标诉求不同,各类承载力的定义往往不同。土地资源承载力研究实质上是围绕耕地—食物—人口而展开的,它以耕地为基础、食物为中介、人口容量的最终测算为目标。其对特定历史阶段、特定区域中的粮食自给、粮食安全、挖掘耕地潜力及产业协调发展有重要的意义。但是,这些研究最终都归结为"养活多少人"(乔盛 等,2011),因而也就难以揭示人类活动对于土地资源承载力的影响。

近年来,中国土地评价更加重视综合考虑自然、经济、社会因素,并采用定性与定量相结合的方法,针对特定目标或对象的土地适宜性评价得到了更快发展。农业土地评价重视评定土地的生产力水平,农用地分等定级与估价普遍开展,但林、牧业土地评价仍为薄弱研究领域。包括城市土地定级估价及地价动态变化在内的城市土地评价广泛开展。旅游用地评价出现了一些新的应用领域及新的评价思路和方法。针对土地退化、土地整理等的土地评价新应用领域不断出现。以土地可持续利用的评价指标体系的构建和应用为核心的土地可持续利用评价,已成为土地评价的热门研究领域之一。权重指数法、层次分析法、模糊综合评价法及灰色关联度分析法等继续得到使用,人工神经网络模型、遗传算法等新方法开始尝试性应用。地理信息系统(GIS)技术在城乡土地评价,尤其是土地适宜性评价中得到了广泛应用。余万军等(2007)使用生态足迹法,计算区域内的人口承载力,并将研究结果与使用农业生态系统所计算出的人口承载力相比较;陈芳淼等(2015)基于 Costanza 的生态系统服务价值计算方法,建立了供给生态服务价值的土地资源承载力评估参数。近年来,各类数学模型也应用于人口承载力研究,促使人口承载力研究进一步摆脱静态的分析,走向动态的预测。从已有的研究成果来看,以单一的人口承载力为目标的承载力评价已较为成熟,多目标多角度的土地综合承载力评价已成为热点,但在有关土地综合承载力时空演变规律及影响因素辨识方面尚未形成系统的理论体系。从评价方法研究来看,有关承载力评价技术的方法众多,如生态足迹法(William,1992)、指数评价法(曾维华 等,1998)、主成分分析法(潘东旭 等,2003)、系统动力学法(黄国勇 等,2003)、状态空间法(许联芳 等,2009)、粒子群优化投影寻踪模型(姜秋香 等,2011)等,但这些方法均以指标定量为基础开展评价,空间评价缺位,无法衡量土地资源承载力限制因素的空间分布差异性,基于定量而不定位的评价方法难以解决资源在空间上的配置不均衡导致的承载力不足问题。

贾克敬等(2017)从国土空间格局优化角度出发,构建面向建设开发利用的土地资源承载力概念,将土地资源的承载对象定义为人类活动影响国土空间格局最直接的开发利用行为,用土地资源承载建设开发行为的能力表征区域土地资源条件对人口集聚、工业化和城镇化发展的支撑能力。本书所构建的评价方法就是在这一概念基础上形成,将承载的对象由人口转为开发规模和强度,是对土地承载力相关评估方法的拓展和有益尝试,可为土地资源承载力评估及空间规划编制提供科学依据。

水资源承载力评价是资源环境承载力评价的一项主要的基础评价。水资源承载力(water resource carrying capacity,WRCC)是承载力概念与水资源领域的自然结合,目前有关研究主要集中在我国,国外专门的研究较少,一般仅在可持续发展文献中简单地涉及。其中,北美湖泊协会曾对湖泊承载力进行定义;美国的 URS 公司对佛罗里达 Keys 流域的承载力进行了研究,内容包括承载力的概念、研究方法和模型量化手段等方面;Falkenmark 等学者的一些研究也涉及水资源的承载限度;Joardor 等学者从供水的角度对城市水资源承载力进行了相关研究,并将其纳入城市发展规划当中;Rijiberman 等学者在研究城市水资源评价和管理体系中将承载力作为城市水资源安全保障的衡量标准;Harris 着重研究了农业生产区域水资源农业承载力并将此作为区域发展潜力的一项衡量标准。我国对 WRCC 的研究始于 20 世纪 80 年代后期,其中以新疆水资源承载力的研究为代表,但当时的概念、理论和计算方法等都处于萌芽状态;1992 年施雅风等(1992)采用常规趋势法对新疆乌鲁木齐河流域的 WRCC 进行研究;次年许有鹏等采用模糊分析法对和田河流域的 WRCC 进行研究,1995—2000 年 WRCC 的研究达到了空前鼎盛,多个"九五"攻关项目和自然科学基金课题都涉及这一领域,如王建华等(1999)采用系统动力学方法对乌鲁木齐市、徐中民等(2000)采用情景基础的多目标分析方法对黑河流域、贾嵘等(1998)及蒋晓辉等(2001)采用多目标模型及修改的切比雪夫算法对陕西关中地区、中国水利水电科学研究院以水循环、水资源合理配置和生态需水理论为基础对西北地区、阮本青等(1998)采用水资源适度承载能力计算模型对黄河下游地区、高彦春等(1997)、傅湘等(1999)分别采用模糊综合和主成分分析法对陕西关中地区的 WRCC 进行研究。同期其他有关研究也不断开展。上述研究大都基于水资源的优化配置和评价理论,具有水利或自然资源学科的背景。

　　国土空间划分在国外具有非常悠久的发展历史,最早由德国地理学家 Hettner 指出,地理区域是将整体分解成为部分,部分在空间上相互衔接,类型则是可以分散分布。第二次世界大战后,大多数国家都遭受战争的破坏,城市恢复重建和经济恢复成为首要任务,城市建设的速度加快,也伴随着城市发展问题,原有的空间规划体系不适应现有城市发展。为了系统解决城市恢复重建所带来的众多问题,国际规划界也采取了相应措施。20 世纪 60 年代,国际上工业化和城市化进程不断加快,出现比较突出的问题,人口、经济和生态环境等可持续发展与区域竞争失衡等问题日益严重,世界区域规划进入了一个全新的发展机遇期。从 20 世纪 80 年代末以来,各种发展规划和空间规划开始走向逐步整合。总之,从国外空间规划体系发展进程来看,规划体系基本成型,其特点是注重空间地域的完整性、协作性和战略性,其规划体系对我国喀斯特山区县域城镇、农业和生态三类空间划分,推进县域"多规合一"具有十分重要的借鉴意义。

　　我国也是世界上较早开展区划研究的国家之一,最早可以追溯到春秋战国。春秋战国时期的《尚书·禹贡》,依据山岳河海为界把全国分成九州;《管子·地员篇》根据地势高低和地貌差异,采用不同方式对不同的地形、土壤、水文、植被进行分类;西汉时期,我国第一部内容完善的经济地理区划《史记·货殖列传》,提出了许多关于城市和区域经济之间相互关系的论述;20世纪 20—30 年代,以黄秉维为代表的地理学家开始区划研究工作,并相继完成了地貌区划、气候区划、水文区划、潜水区划、土壤区划、植被区划、动物地理及中国昆虫地理区划等区划成果;20 世纪 50 年代,国家开展荒地调查工作,将全国划分成 11 个区。

　　国土空间分区有利于解决矿产资源无序开发、生态环境恶化、土地资源浪费、空间开发无序等一系列问题。当前,我国已经开展过大量不同种类的区划和规划,有总体规划和相关部门规划。但是,我国各类区划和规划之间存在一定的问题,例如:各类规划自成体系、内容交叉重叠、缺乏衔接、矛盾冲突。因此,为了实现空间发展的有序性和合理性,系统地解决各种规划之间存在的矛盾与衔接问题,促进国土空间的均衡和可持续发展,国家在"十一五"规划中明确提出将国土空间进行主体功能区规划;2011 年 6 月《全国主体功能区规划》正式发布;中共中央十八届三中全会明确指出,要优化城市空间结构;2014 年 4 月,国家发展和改革委员会启动"十三五"规划编制工作时强调要积极推进一个市县、一本规划、一张蓝图;2015 年 9 月,国家发展和改革委员会联合国家测绘地理信息局联合下发《关于印发市县经济社会发展总体规划技术规范和编制导则的通知》,要求明确划定城镇、农业和生态三类空间,合理构建县域国土空间发展格局,落实主体功能定位。

开展国土空间适宜性评价,是进行城镇、农业和生态三类空间划分和发展格局研究的基础。从近年来国内相关学术研究看,目前国内研究更关注应用层面。丁建中等(2008)以生态和经济为指向,根据相关评价因子,结合评价模型开展了空间开发适宜性评价,并运用 GIS 分析技术将泰州分成优先开发区、适度开发区、控制开发区、战略储备区和禁止开发区等,并探讨了相关保障措施。祁豫玮等(2010)基于主体功能区划基础理论,通过资源环境承载力、发展潜力和空间开发强度综合分析,结合二维矩阵分析,进行适宜性评价,获得南京各类开发区等级和范围。孙伟等(2010)根据水环境敏感性和压力等相关评价因子,选择评价单元,结合矩阵分类方法,将江苏省划分成 4 种类型区域,并提出相关产业布局。樊杰(2007)研制了自然资源和社会经济体系中比较重要的 10 类指标,采用地域功能识别指标体系,开展了地域功能适宜性评价。唐常春(2012)运用 Delphi 与 AHP 等研究方法,构建相关评价指标体系,开展长江流域国土空间适宜性评价,将其分成 8 种类型区。李娜(2009)运用格网 GIS,通过约束性和开发性指标分析,开展国土空间适应性评价,将仪征市划分成 5 种区域类型。从国内学术界开展国土空间适宜性评价和国土空间划分研究来看,目前的研究主要以行政单元为评价单元,以自然图斑为评价单元的研究非常少。同时在研究区的选择上主要是国家、省、市或者以流域进行研究,以县级层面的研究还比较少见。

三、研究目的和内容

建设生态文明是中华民族永续发展的千年大计。开展资源环境承载能力评价是节约、保护和合理开发国土资源的前提,是生态文明建设与城镇化健康发展的基础。在数量、质量和生态并重的格局下,开展资源环境承载能力评价,确定一个地区或国家一定时期内的资源环境承载能力阈值,用于指导承载对象活动的范围、强度和规模,有利于优化国土空间开发格局,控制开发强度与城市边界及生态保护边界,引导产业结构调整、人口集聚布局,有利于有效提高资源利用效率和生态保护能力,实现全面协调可持续发展。

甘肃省委提出打造转型升级大环境、向西开放大门户、物流集散大枢纽、清洁能源大基地、文明传承大平台、生态安全大屏障"六大支撑"。根据甘肃省国土狭长、气候迥异的特征,本书选择不同自然环境的张掖市临泽县和甘南藏族自治州迭部县为试点研究地区。在省主体功能区规划框架中,临泽县属于甘肃省重点开发区,是甘临(甘州区,临泽县)一体组团式城镇化工业化开发区,随着河西走廊经济区组团联盟发展,区位优势明显;张掖市委提出坚定贯彻创新、协调、绿色、开放、共享的新发展理念,加快建设幸福美好金张掖的总体工作思路和建设丝绸之路西部国家创新型城市、河西走廊经济区枢纽城市、生态文明先行区、向西开放重要门户。迭部县在甘肃省主体功能区中属于限制开发区中重点生态功能区的范围,为长江上游"两江一水"流域水土保持与生物多样性生态功能区。

为协调临泽县和迭部县环境保护与经济发展之间的关系,控制开发强度,引导产业结构调整、人口集聚布局,开展本专题研究。研究内容如下:

(1)通过对临泽县和迭部县自然本底条件、资源禀赋、环境质量、生态系统等现状分析,识别全县资源环境关键问题,并进行成因分析。

（2）基于对临泽县和迭部县资源环境现状的初步判断,开展资源环境承载能力监测预警分析,判断全县资源环境承载状况。

（3）开展重点开发区临泽县资源环境承载的人口及产业规模分析,分别基于土地资源、水资源和环境容量约束,计算可承载的人口数量和产业规模,为张掖市的合理发展提供依据。

（4）结合临泽县和迭部县实际情况,构建合理的空间开发评价指标体系,通过集成遥感(RS)和 GIS 技术,进行国土空间开发适宜性评价,确定最适宜开发、较适宜开发、较不适宜开发和最不适宜开发的区域,为合理划定生态、农业、城镇空间提供科学依据。

（5）按照主体功能区战略的要求,在资源环境承载能力与国土空间开发适宜性评价基础上,划分全域生态、农业、城镇三类空间,可为相关规划的编制提供依据和接口。

（6）基于临泽县和迭部县全县现状判断、资源环境承载能力评价、国土空间开发适宜性评价和三类空间划定结果,提出对应可行的资源合理利用对策和生态环境保护策略。

第二章 基本理论

一、资源环境承载力

1. 资源环境承载力

在自然生态环境不受危害并维系良好生态系统前提下,一定地域空间可以承载的最大资源开发强度与环境污染物排放量及可以提供的生态系统服务能力。

2. 土地资源评价指标内涵

土地资源评价主要表征区域土地资源条件对人口集聚、工业化和城镇化发展的支撑能力。采用土地资源压力指数作为评价指标,该指数由现状建设开发程度、适宜开发程度、适宜建设开发程度的偏离程度来反映。

3. 土地资源承载力

土地资源承载力的定义为:在一定空间区域,一定的社会、经济、资源、生态、环境条件约束下,区域土地资源所能支撑的最大国土开发规模和强度。

4. 水资源承载力

水资源承载力是随着水资源问题的日益突出由我国学者在 20 世纪 80 年代末提出的。水资源承载力是一个国家或地区持续发展过程中各种自然资源承载力的重要组成部分,并且往往是水资源紧缺和贫水地区制约人类社会发展的"瓶颈"因素,对一个国家或地区综合发展和发展规模有至关重要的影响。

鉴于水资源承载力研究的现实与长远意义,对它的理解和界定,要遵循下列原则:

(1)必须把它置于可持续发展战略构架下进行讨论。

(2)要把它作为生态经济系统的一员,综合考虑水资源对区域人口、资源、环境和经济协调发展的支撑能力。

(3)要识别水资源与其他资源不同的特点,它既是生命、环境系统不可缺少的要素,又是经济、社会发展的物质基础,既是可再生、流动的、不可浓缩的资源,又是可耗竭、可污染、利害并存和具有不确定性的资源。

(4)水资源承载力除受自然因素影响外,还受许多社会因素的影响和制约,如受社会经济状况、国家方针政策(包括水资源政策)、管理水平和社会协调发展机制等影响。

根据上述认识,可这样定义水资源承载力:在一定区域内,在一定生活水平和一定生态环境质量下,天然水资源的可供水量能够支持人口、环境与经济协调发展的能力或限度。

在不同的生态环境中,水资源系统对社会、经济的发展支撑能力有一个"阈值",这个"阈值"的大小取决于该地区生态环境系统与社会经济系统两个方面。在不同时间、不同区间、不同生态、不同社会经济状况下,"阈值"的取值是不同的。因此,水资源承载力具有以下特性:

(1)时变性。水资源承载力随着时间而变化,同时又不断地受到社会、经济系统所带来的越来越强的作用。这种特性,要求人们的经济行为既要适应时间的变化,同时又要发挥主观能动性,对水资源承载力进行调控。因此,水资源承载力具有特定的时间内涵。

(2)空间变异性。在不同区域,相同水资源量的承载力是有差异的。生态环境是由各个自然要素组合成的统一体,水资源是其中的重要组成成分之一。而且在对生态环境响应过程中,水资源是一种灵敏度较高的因素,水资源可利用量的多少可直接反映该生态环境的稳定性。所以,当生态环境较弱时,水资源的承载力相对较小,反之则较高。水资源承载力的空间变异性,要求人们在一定时期内,人类活动应根据空间差异进行合理布局,协调好区域之间的发展,从整体上最大限度地合理利用水资源。

(3)可控性。区域水资源承载力的大小,一方面受制于生态环境中的物质与结构,另一方面,受控于人类社会经济活动的发展。三者的相互关系如图 2.1 所示。这种关系需要人类有目的地对生态环境加以改造,使得水资源承载力的质和量朝着有利于人类的目标发生变化。

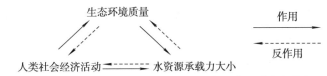

图 2.1　水资源承载力与生态环境和人类社会经济活动之间的相互关系

5. 环境评价

环境评价主要表征区域环境系统对经济社会活动产生的各种污染物的承受与自我净化能力。采用污染物浓度超标指数作为评价指标,通过主要污染物年均浓度监测值与国家现行环境质量标准的对比值反映,由大气、水主要污染物浓度超标指数集成获得。

6. 生态承载力

生态承载力强调的是生态系统的承载功能,是在一个国家或区域内,生态系统中资源的数量、质量对一定生活水平的人口数量的总的承载能力。一方面指生态系统的可自我维持、自我调节及其抵抗各种压力与干扰的能力大小;另一方面指一定时间、一定范围内,不超出生态系统弹性限度条件下的各种自然资源供养能力及其所能支持的经济规模和可持续供养的具有一定生活质量的人口数量;也指生态系统内的社会经济子系统在其发展过程中,对生态系统产生的正面或负面的影响作用。生态系统重点关注外部干扰是否破坏系统的稳定性,是否从本质上改变生态系统的结构和功能。生态承载力的理论基础主要包括人口、资源、环境协调发展理论,生态稳定性理论,干扰性理论和生态阈值理论。

7. 生态阈值理论

生态环境系统的临界阈值是指在生态环境系统中,某一稳定的生态系统的结构和功能在其他外界的影响因素或环境条件作用下,达到特定程度或阈值后,生态系统原有的结构和功能突然进入另一种稳定状态的情形(沈渭寿 等,2010)。生态阈值也即环境容量,是指某一环境区域内对人类活动造成的影响的最大容纳量。就环境污染而言,污染物存在的数量超过最大容纳量,这一环境的生态平衡和正常功能就会遭到破坏。

生态阈值是生态系统对外界干扰的最大限度,是生态承载力的核心,生态承载力研究的根本目的就是确定生态系统的生态阈值,确保人类的经济活动在生态环境所能承载的最大范围之内。超过生态阈值,自我调节不再起作用,系统也就很难回到原初的生态平衡状态。生态阈值的大小取决于生态系统的成熟程度。生态系统越成熟,它的种类组成越多,营养结构越复杂,稳定性越大,对外界的压力或冲击的抵抗能力也越大,阈值越高。反之,对外界的压力或冲击的抵抗能力也越小,阈值越低。

8. 成因解析

结合基础评价、专项评价及过程评价的不同要素状况,针对不同地域的特点,解析不同预警等级资源环境超载的原因。

9. 政策预研

针对超载成因,从财政、投融资、产业、土地、人口、环境等方面,预研政策措施,并按照预警等级探索不同管控强度的差异化限制性措施,引导和约束各地严格按照资源环境承载能力谋划发展。

二、空间开发适宜性评价

1. 国土空间开发适宜性

一定区域国土空间的资源环境承载力、经济发展基础与潜力所决定的,其承载城镇化和工业化发展的适宜程度。对城镇建设、农业生产等国土空间开发的适宜性是指对城镇建设、农业生产等不同开发利用方式的适宜程度。

2. "双评价"体系

开展资源环境承载能力和国土空间开发适宜性评价,在确定承载能力等级和适宜程度的基础上,甄别评价区域资源环境突出问题、揭示不同区域资源环境的限制性因素,明确空间发展潜力规模及分布范围,并提出相关措施建议。

3. 三类空间

三类空间指生态空间、农业空间和城镇空间。生态空间是指具有自然属性、以提供生态服务或生态产品为主体功能的国土空间,包括森林、草原、河流、湖泊、湿地、滩涂、荒地、荒漠等。农业空间是指以农业生产和农村居民生活为主体功能,承担农产品生产和农村生活功能的国土空间,主要包括永久基本农田、一般农田等农业生产用地,以及村庄等农村生活用地。城镇空间是指以城镇居民生产生活为主体功能的国土空间,包括城镇建设空间、工矿建设空间及部分乡级人民政府驻地等开发建设空间。

4. 空间开发负面清单

空间开发负面清单是由受自然地理条件等因素影响不适宜开发,或国家法律法规和规定明确禁止开发的空间地域单元集合。其主要包括但不局限于世界自然遗产、基本农田保护区、自然保护区、风景名胜区、森林公园、地质公园、世界文化自然遗产、水域及水利设施用地、湿地、饮用水水源保护区等禁止开发,以及受地形地势影响不适宜大规模工业化、城镇化开发的空间地域单元。

第三章　评价方法和体系构建

　　资源环境承载能力监测预警研究按照明需求、辨现状、测承载、算规模、优空间和提措施六个步骤构建了评价的方法和体系，如图 3.1 所示。

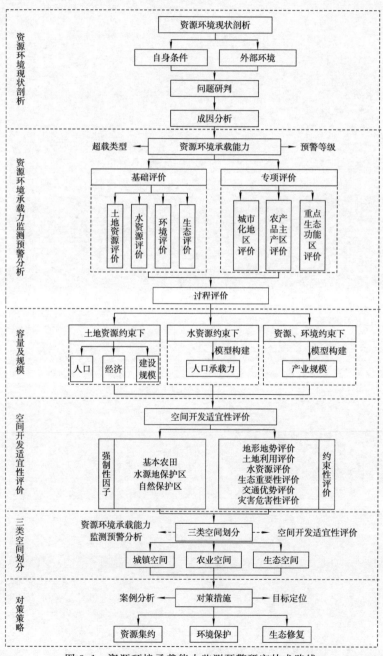

图 3.1　资源环境承载能力监测预警研究技术路线

（1）明需求：是全面贯彻习近平新时代中国特色社会主义思想和基本方针，加快生态文明建设与改革，建设美丽甘肃的需求。

（2）辨现状：通过对试点地区的自然本底条件、资源禀赋、环境质量、生态系统等现状分析，识别全县资源环境存在的主要问题，并进行成因分析。

（3）测承载：基于对试点地区资源环境现状的初步判断，开展资源环境承载能力监测预警分析，识别临泽县资源环境预警等级。

（4）算规模：结合重点开发区临泽县实际情况，基于土地资源、水资源，核算承载人口和产业规模。

（5）优空间：以主体功能区规划为基础，构建合理的空间开发评价指标体系，按照资源环境承载能力和国土空间开发适宜性评价划定三类空间。

（6）提措施：基于全县现状判断、资源环境承载能力、开发适宜性评价、三类空间划分结果，从水环境保护、水资源利用、大气污染防治等方面提出对应保护策略。

第四章　研究区域概况

一、临泽县资源环境特征分析

1. 自然条件

1)地理位置

临泽县位于甘肃省西部,河西走廊中段,99°51′E～100°30′E,38°57′N～39°42′N,东连张掖市、西接高台县,南与肃南裕固族自治县为邻,北毗内蒙古自治区阿拉善右旗。全县南北长约77千米,东西宽约55千米,总面积272 975公顷。

2)地形地貌

临泽县位于河西走廊中部,南屏祁连峻峰,北蔽合黎群峦。地势东南高、中部低,由东南向西北低缓倾斜。全县分3个地貌类型区,南部为祁连山洪积扇区(祁连山脉的浅山区),中部是黑河水系冲积形成的走廊平原区,北部为合黎山剥蚀残山区,平均海拔1 785米。海拔最高为2 278米(新凤阳山),最低1 380米(蓼泉)。北部合黎山又名北大山,属天山余脉,山势不高,地势平缓,山峰海拔在1 500～2 000米,相对高差只有200～300米,是干旱剥蚀的低山区。中部走廊平原地势呈东、南、北三面高,西北低,海拔在1 380～1 600米。

3)气候条件

临泽县属大陆性荒漠草原气候,气候干燥、降水稀少、蒸发量大、多风,年平均气温为7.7℃,年均无霜期176天,年均降水量115.6毫米,蒸发量1 830.4毫米,常年以西北风和东风为主。其主要灾害性天气有大风、沙尘暴、干旱、低温冻害、干热风、局地暴雨和霜冻等。

4)水文水系

临泽县地处内陆河流域,入境河流为黑河,河宽200～500米。流域面积1万平方千米,多年平均流量49.9立方米/秒。其支流有梨园河、明水河、红柳河、穿心河、阳台河、红茨河等六条河流。

5)土壤条件

临泽县土壤划分为8个土类、21个亚类、21个土属、48个土种及3个变种。其中,灰棕漠土194 000公顷,占总土地面积的71.14%;灌耕土16 783.8公顷,占总土地面积的6.15%;潮土12 816.9公顷,占总土地面积的4.70%;草甸土15 724.5公顷,占总土地面积的5.8%;风沙土33 239公顷,占总土地面积的12.2%。

2. 资源禀赋

1)水资源

总体来看,临泽县水资源匮乏,人均水资源量仅为全国人均水资源量的57%。其中,地表水资源中包括:

(1)自产水资源:临泽县干旱少雨,降水形成的地表径流量不大,时空分布不均。降水主要集中在 6 月至 9 月,占全年降水量的 75%。根据有效降水量和降水面积计算,全县自产水资源量为 0.15 亿立方米。

(2)地表水资源:全县入境河流主要有黑河、梨园河,均属黑河水系。全县地表水多年平均径流量 12.8 亿立方米,其中黑河干流多年平均入境水量 10.5 亿立方米,梨园河干流多年平均入境水量为 2.3 亿立方米。

(3)地下水资源:依据《临泽县地下水资源及其开发利用规划报告》测算结果,全县地下水允许开采量为 1.02 亿立方米。

(4)水资源总量:全县水利工程多年平均可供水总量 5.03 亿立方米,其中地表水可利用量 4.39 亿立方米,地下水 0.64 亿立方米。临泽县人均水资源量 1 250 立方米,为全国人均水资源量的 57%。

2)土地资源

临泽县土地利用以耕地和林地为主,土地资源较丰富。

全县土地总面积 272 975 公顷,各类土地面积分别为:耕地 35 237.88 公顷,园地 1 839.76 公顷,林地 11 361.37 公顷,草地 86 802.87 公顷,城镇村及工矿用地 5 323.77 公顷,交通运输用地 3 563.12 公顷,水域及水利设施用地 14 689.15 公顷,其他土地 114 157.57 公顷。

3)林业资源

临泽县林业用地面积 11 361.37 公顷,其中有林地 5 689.37 公顷,灌木林地 4 053.32 公顷,其他林地 1 618.68 公顷。近年来,临泽县不断加大林业投入力度,坚持生态文明优先,采取多种形式,加大森林资源培育力度,2016 全年完成营造林任务 6 333.33 公顷,其中人工造林 1 933.33 公顷,封滩育林 400 公顷,封育沙化土地封禁保护区沙生植被 4 000 公顷,完成义务植树 206 万株,更新改造绿色通道 53 千米;新增城市绿地面积 16 公顷,绿化覆盖率达到 45.5%。

4)矿产资源

临泽县共发现各类矿产 28 处,其中煤矿 1 处、铁矿 6 处,凹凸棒石黏土矿 1 处,石膏矿 5 处,蛭石矿 1 处,水泥用灰岩矿 1 处,金矿 1 处,砖瓦用黏土 5 处,铜矿 1 处,白云岩、长石、灰岩、建设用黏土、水泥配料用红土、矿泉水各 1 处。其主要矿产资源量:锰铁矿资源量 1 000 万吨,煤资源量 6 896 万吨,凹凸棒石、黏土资源量 6.2 亿吨。

5)湿地资源

临泽县湿地总面积 11 222.56 公顷,湿地斑块数量 94 块,占全县总面积的 4.11%,临泽县各类湿地的所占比例如图 4.1 所示。其中,河流湿地 4 427.35 公顷,包括黑河及一级支流梨园河(中下游称流沙河)沿岸的低洼草湖、沼泽、滩涂等,占全县湿地面积的 40%;沼泽湿地 5 420.06 公顷,集中分布在中部泉水溢出区,面积占全县湿地面积的 48%,该区

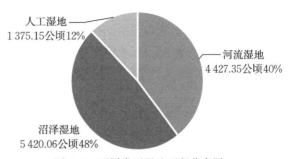

图 4.1 不同类型湿地面积分布图

域地下水位较高,水泉、沼泽、水库星罗棋布,年泉水溢出量 0.7 亿立方米,是临泽县中部地区的主要灌溉来源;人工湿地 1 375.15 公顷,包括水库、塘坝、稻田、鱼塘、排灌渠系等,占湿地总

面积的 12%,该类湿地在走廊绿洲区均有分布,主要用于蓄水灌溉、调节径流、水产养殖、休闲旅游等。

6)生物资源

临泽县戈壁荒漠植被面积中,砾质荒漠 22 573 公顷,沙质荒漠 39 653 公顷,低湿地草甸类、沼泽类 9 180 公顷,主要有以下几个群落:

(1)红砂＋珍珠＋木紫苑群落为天然耐干旱小灌木荒漠植被,主要分布于南北洪积扇中部戈壁,覆盖度为 10%～20%。

(2)沙枣＋红柳＋梭梭＋花棒＋小叶锦鸡儿群落主要分布在风沙带,具有抗干旱、抗风沙能力,多为丛状。

(3)芦草＋骆驼蓬＋盐爪爪群落多为盐渍化土壤和草甸土壤的自然植被,主要分布于盐碱滩和地下水位较高的地带,覆盖度达 70%。

野生动物有鱼类、鸟类、兽类、两栖类,计 4 类 22 科 26 种,国家一级重点保护野生动物有黑鹳,二级重点保护野生动物有大天鹅、疣鼻天鹅、鹗、鸢 4 种;国家二级重点保护植物有沙漠胡杨,数量较少,属濒危物种,需特别保护。

7)生态定位

在《全国主体功能区划》中,临泽县属于祁连山冰川与水源涵养生态功能区,属于国家规定的限制开发区域(重点生态功能区)。国家对于祁连山冰川与水源涵养生态功能区的发展方向,提出"围栏封育天然植被,降低载畜量,涵养水源,防止水土流失,重点加强石羊河流域下游民勤地区的生态保护和综合治理"的要求。

《甘肃省主体功能区划》将临泽县列为重点开发区,属省级重点开发区域——张掖地区(甘州-临泽)的重要组成部分,将境内甘肃张掖黑河湿地国家级自然保护区、七彩丹霞省级风景名胜区列为禁止开发区。甘州-临泽地区为河西新能源基地的重要组成部分,战略矿产资源和重要农产品加工基地,陇海兰新经济带重要节点城市和经济通道,文化旅游重镇,现代农业、节水型社会和生态文明建设示范区,集聚经济和人口的重点城市化地区。该区发展方向为:①发挥张掖地处河西走廊中部的区位优势,以现有城市为基础,完善城市基础设施,增强城市集聚人口、产业能力,提升区域交通枢纽和经济通道功能。②充分利用农畜产品资源丰富的优势,推进各类现代农业示范区建设和特色优势产业带发展,建设优质农产品生产加工基地,提高农畜产品市场占有率和竞争力。③以能源、矿产资源优势为依托,加大勘察开发力度,抓好锰铁、凹凸棒等矿产资源的开采、冶炼及精深加工;以区域内旅游资源为依托,大力发展生态、历史文化等特色旅游业,积极培育新的支柱产业和经济增长点。④加大生态保护力度,推进节水型社会建设。加快黑河二期治理,巩固退耕还林(草)成果。以水权制度改革为重点,探索节水型产业及城市生活节水新模式,促进水资源合理配置、高效利用和有效保护,建设高效的节水型社会。

《张掖市主体功能区划》将临泽县划分为限制开发区、禁止开发区和重点开发区。其中禁止开发区包括张掖黑河湿地国家级自然保护区、七彩丹霞省级风景名胜区;限制开发区包括北部荒漠植被封育保护区、黑河流域现代农业产业带;重点开发区包括甘州-临泽产城融合区。

3. 社会经济概况

1)人口和行政区划

临泽县共 7 个乡(镇),71 个村委会,5 个居民委员会。2016 年,全县年末总人口 149 891

人,比上年增加 559 人。其中,乡村人口 95 949 人,城镇人口 53 942 人。全县新出生人口 1 393 人,人口出生率 9.30‰;死亡 584 人,死亡率 3.90‰;人口自然增长率 5.40‰。

2)经济发展水平

2016 年,全县实现生产总值 50.14 亿元,比上年增长 7.6%。其中第一产业增加值 15.43 亿元,比上年增长 5.7%;第二产业增加值 12.56 亿元,比上年增长 5.6%;第三产业增加值 22.15 亿元,比上年增长 10.0%,第三产业中文化产业增加值 1.02 亿元,比上年增长 16.72%;人均生产总值 36 815 元,比上年增长 7.3%。单位地区生产总值(GDP)综合能耗比上年降低 4.12%,单位 GDP 电耗比上年增长 8.9%,单位工业增加值能耗比上年下降 9.43%。2011—2016 年间临泽县 GDP 变化如图 4.2 所示。

4. 生态环境现状

1)环境空气质量

临泽县环境空气质量总体状况良好,主要污染物是可吸入颗粒物(PM_{10})。影响环境空气质量的污染物是二氧化硫、可吸入颗粒物、总悬浮颗粒物和二氧化氮,2016 年年均值分别为 0.016 微克/立方米、0.074 微克/立方米、0.087 微克/立方米、0.02 微克/立方米,除 PM_{10} 外,总体达到二级

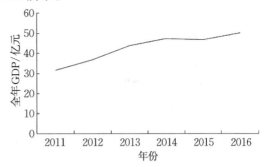

图 4.2 2011—2016 年间临泽县 GDP 变化图

标准。临泽县地处河西沙源区,年平均沙尘暴日数 4 天,春季(3~5 月)最多,占全年的 58%,由此造成一定程度的粉尘污染。

2)水环境质量

临泽县域内有两个地表水河流省控断面点位,一是临泽县蓼泉桥水文站处,二是临泽县板桥镇水文站处。从五年水质监测结果来看,总氮年均浓度值虽有下降趋势,但均超过地表水环境质量Ⅲ类标准限值(1 毫克/升)。数据变化趋势如图 4.3、图 4.4 所示。

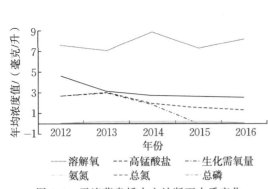

图 4.3 干流蓼泉桥水文站断面水质变化

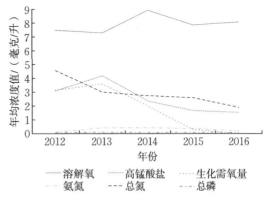

图 4.4 干流板桥镇水文站断面水质变化

3)声环境质量

声环境质量总体平稳,临泽县在城区共设置 110 个环境噪声监测点位,测得等效声级平均值为 65 dB,夜间噪声平均值为 55 dB。四类功能区均符合《声环境质量标准》(GB 3096—2008)的标准限值。具体监测数据如表 4.1 所示。

表 4.1　临泽县环境噪声监测数据　　　　　　　　　单位：dB(A)

年份及功能区类别	时段	2011 年	2012 年	2013 年	2014 年	标准限值
1 类区	昼间	45.6	47.2	48.0	48.5	55
	夜间	41.6	44.7	43.2	43.6	45
2 类区	昼间	50.2	51.2	51.8	52.0	60
	夜间	45.2	47.5	48.1	47.1	50
3 类区	昼间	53.1	54.4	57.0	56.4	65
	夜间	47.3	49.4	53.4	50.9	55
4 类区	昼间	59.5	57.1	56.6	56.9	70
	夜间	49.2	52.1	52.7	49.0	55

4)固体废物

2013 年临泽县工业固体废物达到零排放,对工业废弃物全部实现综合利用,危险废物通过回收、焚烧、转运等手段全部处置,处理率达 100%。生活垃圾全部送往城区生活垃圾填埋场填埋,医疗废物全部送往张掖市医疗废物处置中心集中处置。

5)土壤环境质量

2013 年度张掖市环境监测站对蔬菜种植基地土壤环境质量进行监测,共选择 14 种重金属污染物和 6 种有机污染物进行评价,监测项目均符合"土壤环境质量评价标准值",临泽县蔬菜种植基地的土壤环境质量清洁,无污染。但其他区域仍然存在土壤污染问题,主要是农业面源污染。临泽县化肥、农药的使用量较大,每公顷施用纯氮 360 公斤、纯磷 180 公斤、农药 6 公斤,由此造成农药化肥对土壤的污染,影响土壤环境质量。此外,农用塑料薄膜使用量逐年增加,全县每年用农膜 2 000 吨左右。并且农用塑料薄膜回收率不足 50%,导致大量的农用塑料薄膜残留在土壤中,总体土壤环境质量较差。

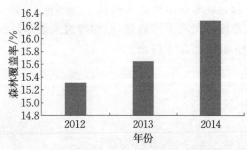

图 4.5　临泽县 2012—2014 年森林覆盖率变化

6)生态环境质量

(1)森林覆盖率。逐年增长。2013 年临泽县森林覆盖率为 15.65%。分析 2012—2014 年全县森林覆盖率变化情况,总体上呈逐年增长的态势,自 2012 年以来增长了 1.4 个百分点,具体数据如图 4.5 所示。

(2)城市绿地面积变化情况。2011—2014 年临泽县城市绿地面积逐年增加,人均占有公共绿地面积也相应呈上升趋势,如图 4.6 所示。

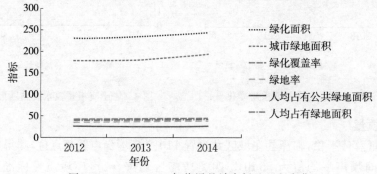

图 4.6　2012—2014 年临泽县城市绿地面积变化

（3）自然生态环境相对脆弱。由表 4.2 可知，2010—2013 年，临泽县生物丰度指数、水网密度指数、土地退化指数均变化不明显，生态环境质量指数 $|\Delta EI| \leqslant 2$，环境质量总体"无明显变化"。生态环境质量类型为"较差"，虽然森林覆盖率逐年增长，但植被覆盖情况仍旧较差，严重干旱少雨，物种较少，存在着明显限制人类生存的因素。

表 4.2　临泽县 2010—2013 年生态环境质量指数

年份	生物丰度指数	植被覆盖指数	水网密度指数	土地退化指数	环境质量指数	EI	ΔEI	生态环境质量类型
2010	7.01	8.90	11.10	23.48	95.12	24.72	—	较差
2011	7.51	8.29	10.83	23.48	96.14	24.82	0.17	较差
2012	7.52	8.29	10.46	23.48	88.00	23.53	−1.29	较差
2013	7.54	8.31	10.67	23.48	95.27	24.67	1.14	较差

注：EI 为生态环境质量指数，ΔEI 为生态环境质量变化度。

二、临泽县面临的问题

1. 水资源短缺，用水结构有待改善

长期以来，临泽县都面临水资源短缺的困扰，究其原因，主要有以下两个方面：一是由于自然气候条件，气候干旱降水量少，由此造成资源性缺水，水资源总量较少；二是由于用水结构不合理，水资源利用效率低，这也加剧了水资源短缺的问题。

1）资源性缺水，时空分布不均

临泽县属大陆性荒漠草原气候，气候干燥，降水稀少，蒸发量大，2015 年平均降水量 115.6 毫米，蒸发量 1 830.4 毫米，水量难以蓄存。降水稀少，蒸发能力大，由此导致的水资源总量较少是临泽县水资源匮乏的重要原因。临泽县人均水资源量 1 250 立方米，亩*均水量 511 立方米，分别为全国平均的 57% 和 29%，总体上属于资源性缺水地区。

临泽县不仅水资源紧缺，而且水资源年内时空分配不均，主要体现在降水量年内分配不均，具有春季降水少而不稳、冬季雨雪少的特点。汛期 6 月至 9 月降水量占全年的 60%～80%，春季 3 月至 5 月占 20% 左右，冬季 12 月至 2 月雨雪一般低于全年的 5%。此外，黑河干流缺乏对整体的控制工程，不能实现调蓄作用，径流年内分布不均，5 月至 6 月来水量仅占年径流量的 20.4%，而同期灌溉需水量约占全年的 35%，来源水源和水资源的利用不协调，这就在一定程度上客观地加剧了用水紧张的局面。

2）结构性缺水，水资源利用效率低下

2015 年临泽县用水总量 45 703.0 万立方米，按行业用水情况分为：农业用水 39 997.0 万立方米，工业用水 652.0 万立方米，生活用水 528.0 万立方米，生态用水 4 526.0 万立方米。同期全国用水总量为 6 180.0 亿立方米，其中农业用水总量为 3 903.9 亿立方米；工业用水总量为 1 380.6 亿立方米；生活用水总量为 790.5 亿立方米；生态用水总量为 105.0 亿立方米。临泽县与全国各行业所占用水份额的比较如图 4.7 所示。

---

　* 1 亩≈666.66 平方米，余同。

　　根据各行业用水情况数据可以看出,临泽县农业用水占比较大,占总用水量的 87.5%,这种不均衡的用水结构导致水资源利用效率低下。究其原因,主要是农业灌溉用水量过大。由于人们节水意识淡薄,灌溉大多采取大水漫灌的方式,造成本来就稀缺的水资源被浪费,由此导致水资源不足的现象更加严重。

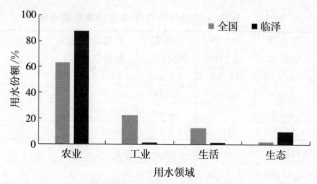

图 4.7　临泽县与全国各行业所占用水份额的比较(2015 年)

2. 农业用品使用不合理,畜禽养殖污染严重

　　临泽县是一个农业大县,也是一个畜牧业强县。随着农业和畜牧业的发展,也产生了一系列的环境问题。农业面源污染对水环境和土壤环境质量造成的威胁,主要表现在畜禽养殖污染和农业用品污染两个方面。

1)畜禽养殖污染

　　近年来,临泽县立足资源优势和发展基础,畜牧业有了快速的发展。伴随着畜禽养殖数量的增长,畜禽粪便、污水及病死动物尸体等畜禽养殖污染物的处理成为制约畜牧业健康发展、环境污染的关键因素。导致这一问题的原因主要有以下三个:

　　(1)养殖户畜禽污染治理意识淡薄。临泽县的畜禽养殖,主要表现为一家一户的分散养殖,畜禽产生的粪便由养殖户采取堆积发酵作为农家肥使用的方式处理。养殖户在缺乏政策导向和技术引导的情况下,选择在住宅附近和村屯旁边发展畜禽饲养地。部分养殖户缺乏环保意识,甚至在饮用水源保护区域边缘发展畜禽养殖,严重威胁着水源地和周边环境。

　　(2)污染治理基础设施严重滞后。畜禽污染治理资金投入不足,并且缺乏比较成熟有效的治理技术,按照工业化达标排放标准处理既不经济,也不符合目前农村实际条件。由于投入不足,经费匮乏,致使污染治理基础设施严重滞后。规模化畜禽养殖场大部分粪便直接堆存,污水利用渗坑排放,严重影响土壤、地下水和大气环境。

　　(3)畜禽污染治理监管难度大。大部分畜禽养殖场管理粗放、薄弱,绝大多数集约化畜禽养殖场建设之初,没有办理环保审批手续,缺乏配套的污染防治措施和废弃物综合利用技术。一部分近年来新建的养殖场,虽办理了环保审批手续,建设了粪便、污水的处理设施,但运行成本高,不正常运行的情况普遍存在。

2)农业用品污染

　　临泽县化肥、农药的使用量较大,2013 年农用化肥施用强度为 237 千克/公顷,其中纯氮360 千克/公顷,纯磷 180 千克/公顷,农药 6 千克/公顷,由此导致农业面源污染,致使水环境、土壤环境质量下降。从五年水质监测结果来看,总氮年均浓度值虽有下降趋势,但均超过地表水环境质量Ⅲ类标准限值(1毫克/升),水环境质量有待提升。

此外,农用塑料薄膜使用量逐年增加,全县每年用农膜2 000吨左右。由于塑料薄膜回收措施不健全,回收率不足50%,导致大量的塑料薄膜残留在土壤中,造成土壤污染。

3. 自然条件较差,生态系统较为脆弱

1)自然条件不稳定,灾害天气时有发生

临泽县位于河西沙源区,属典型大陆性荒漠草原气候,受气象条件影响,年平均沙尘暴日数4天,春季(3~5月)发生沙尘暴的天数最多,占全年的58%。每年初春受沙尘暴、浮尘天气影响,空气质量下降较大。

此外,季节性山洪灾害每年都发生,并且具有季节性强、易发生、成灾快、破坏性强、水毁工程修复耗资大等特征,给临泽县山洪灾害威胁区群众的生命和财产造成了不同程度的损失,极大影响着区域社会安定和经济发展。2010年汛期,黑河堤防垮塌长度超过400米。2011年汛期,黑河堤防7处水毁,多处发生管涌,2.4万群众被紧急转移。

2)生态问题敏感,生态系统较为脆弱

临泽县境内同时存在祁连山支脉半山区、农业灌溉生产区和戈壁荒漠区三种自然类型。南部祁连山山区实施天然林保护、退耕还林、退牧还草、围栏禁牧等措施,生态环境有所改善;中部农业灌溉生产区环境问题不容乐观,伴随着农业的发展,农户过量使用化肥、农药,造成土壤结构变差,养分失衡;北部戈壁荒漠区,植被覆盖率低,自然条件严酷,生态环境有待提高。

根据2011—2015年数据分析,临泽县生态环境状况指数有所上升,生态环境表现为局部好转,但依旧处于全市的较低水平,大部分区域环境问题敏感,生态系统总体还比较脆弱。

三、迭部县资源与生态环境特征分析

1. 自然条件

1)迭部县地理位置

迭部县位于甘肃省南部,102°54′54″E～104°04′33″E,33°39′23″N～34°20′02″N,东连舟曲县,北接卓尼县,北东与岷县、宕昌县毗邻,西、南分别与四川省若尔盖县、九寨沟县接壤,如图4.8所示。迭部县地处青藏高原东部边缘、白龙江上游高山峡谷地带,属秦巴山地、青藏高原和黄土高原的交汇地带,西秦岭、岷山、迭山贯穿境内,高山峡谷颇多,长江二级支流白龙江自西向东从中部穿过,以白龙江为轴线,呈南、北两侧高中间低的高山峡谷地貌形态。迭部县是甘肃省南部最大的天然林区,是国家级天然林保护区,森林覆盖率达到60%以上,境内天然植被良好,具有得天独厚的绿色生态系统。全县东西长110千米,南北宽75千米,总面积5 108平方千米,海拔1 600～4 800米,平均海拔为2 400米。迭部县下辖11个乡镇、52个村委会、233个村委会,总人口5.36万人,其中藏族人口占总人口的80%以上。

2)气候特征

由于迭部县地处青藏高原与黄土高原的接合处,海洋性气候的过渡带上,夏无酷暑,冬无严寒,季风特点突出,表现为冬干夏湿,雨量集中,温差大,春季多风少雨,秋季阴雨连绵。年均气温8.3℃,年均降水量537毫米,年均蒸散发1 498毫米,平均无霜期147天。

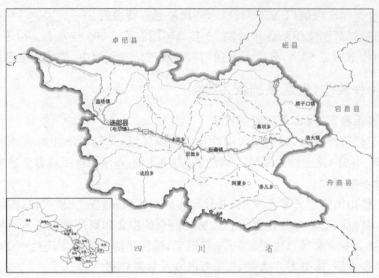

图 4.8   迭部县地理位置示意图

3)社会经济概况

2016 年,全县地区生产总值为 113 436 万元,增长 6.3%,其中,第一产业增加值 26 338 万元,增长 5.3%;第二产业增加值 23 244 万元,增长 5.5%;第三产业增加值 63 854 万元,增长 7.1%,第一、二、三产业结构比为 23.2∶20.5∶56.3。全县人均生产总值 21 163 元,同比增长 7.4%。全县农业以牧业和林业为主;工业基本以水电工业为主,农畜产品和山野菜食用菌加工协调发展的格局。旅游业发展迅速,2015 年全县旅游人数达到 49.01 万人,旅游综合收入 2.22 亿元,占全县 GDP 的 21.2%,2016 年全县旅游人数达 82.09 万人次。

2. 环境现状

1)环境空气质量

迭部县地处大陆气候与海洋气候的过渡带,属非典型大陆性气候,干湿季分明,季风气候特点突出,降水多集中在夏季、春季风多雨少,秋季阴雨连绵,沿河谷冬无严寒、夏无酷暑,再加上境内植被覆盖度高,林草茂密,绿色植物为"天然除尘器""氧气制造厂""病菌的消毒站",因此迭部县域内环境空气质量好。

2)水环境质量

迭部县年均降水量约 537 毫米,地表水资源十分丰富,白龙江自西向东流经县境 110 千米,县域内白龙江上共设有三个地表水断面监测点位,一是迭部县白龙江入境断面,二是白云林场断面,三是迭部县白龙江出境断面。

3)生态质量

迭部县是甘肃省南部最大的天然林区,是国家级天然林保护区,森林覆盖率达到 60% 以上。境内天然植被良好,具有得天独厚的绿色生态系统,是我国秦巴生物多样性生态功能区的重要组成部分,也是长江上游的重要水源涵养区。迭部县始终把生态文明建设摆在重要位置,已成功申报国家级生态乡镇 1 个、省级生态乡镇 3 个,并在 2018 年入围全国百佳深呼吸小镇。

3. 资源禀赋

1）土地资源

迭部县山峦叠嶂、坡陡谷深，生态是迭部县最大的资源。多年来，迭部县坚持走"生态立县"战略，认真处理发展和保护的关系，"打绿色牌、建设低碳生态文明县"，不断优化土地开发空间。全县土地总面积 5 108 平方千米，其中全县有林地面积为 231.75 万亩；草原总面积227 万亩。

2）水资源

迭部县河流主要属白龙江水系，迭山以北的洮河水系面积极小。迭部县年均降水量约536.5 毫米，地表水资源十分丰富，白龙江自西向东流经县境 110 千米。达拉、多儿、阿夏、腊子河等 20 余条支流，从南北两侧汇入白龙江，水电资源开发条件较好。迭部县人均拥有水量3.3 万立方米，是全国人均拥有水量的 12 倍。白龙江自迭部县益哇沟口入境，至洛大黑水沟口出境，全长 110 千米，平均坡降 6.4％，总落差 700 米。迭部县自产水总量为 15.9 亿立方米（白龙江流域自产水量 15.35 亿立方米，洮河流域自产水量 0.55 亿立方米）。多年平均入境水径流量为 9.586 亿立方米，出境年均径流量为 24.936 亿立方米。迭部县拥有达拉河口电站、尼傲加尕电站、多儿河电站、花园峡电站、水泊峡电站、代古寺电站、卡坝班九电站、尼傲峡电站、九龙峡电站等诸多水电站。

3）森林资源

迭部县森林覆盖率高达近 60％，是迄今为止甘川地区保存最好的原始森林区，也是长江上游的重点水源涵养林区和青藏高原东部重要的绿色生态屏障。迭部县内气候多样复杂，林木树种多达 26 科、53 属、140 多种。全县有林地面积为 231.75 万亩，其中用材林地 175.14 万亩，灌木林 56.61 万亩。

4）草地资源

迭部县山高谷深坡陡，地形复杂，水热条件存在明显的垂直差异，造就了迭部县不同的草原类型和丰富的草原资源，呈现出山体阴坡为针、阔叶混交林，阳坡分布着草原的特有景观。第二次草原资源普查显示，迭部县草原总面积 227 万亩，约占总土地面积的 30％，是仅次于森林资源的第二大生态资源。

5）矿产资源

迭部县的矿产资源主要有金、铁、锌、铀、镁、磷、钼、汞、白云岩、陶土等 30 多种，其中，金、铁、镁、白云岩、陶土已开发利用。

6）动植物资源

迭部县境内动植物资源丰富，其中木本植物 60 余种，山野菜菌类 207 种，药用植物 545种；野生动物比较珍贵的有大熊猫、藏羚羊、雪豹、金猫、梅花鹿、红腹锦鸡、林麝等 21 种。

四、迭部县面临的问题

1. 地质灾害

迭部县境内地质构造复杂，新构造运动强烈，断裂、褶皱等地质构造十分发育。复杂的地质构造造成本区滑坡、崩塌、泥石流等地质灾害较为发育。地质灾害问题是本区较突出的环境地质问题,造成的损失较为严重。

2. 生态问题

迭部县草原退化总体呈现上升的趋势,草原退化主要由鼠虫害、毒害草和超载放牧引起。部分草原呈现遍地黄花(毛茛、马先蒿、黄花棘豆)的草原景观,或呈现遍地紫花(甘西鼠尾草)的草原景观。迭部县部分区域超载放牧的现象仍在继续。

3. 经济发展

迭部县经济发展呈现出良好态势,但总量小、基础薄弱、产业结构单一、开放程度低,仍然存在许多困难和问题。首先,交通不便捷,道路等级偏低,区位优势得不到发展;其次,迭部县企业规模小,增值空间狭窄,产品档次不高,缺乏龙头骨干企业;再次,牧业产业化经营水平低,主要依赖天然放牧,牲畜出栏率低,生产周期长;最后,旅游景区基础设施薄弱,配套服务设施不完善,服务质量不高。

临泽县

篇

第五章　资源环境承载能力监测预警分析

一、基础评价

1. 土地资源评价

临泽县地势南北高、中间低，由东南向西北逐渐倾斜，全县自南向北可以划分为南部祁连山区，中部黑河水系冲积形成的走廊平原区，北部合黎山剥蚀残山区。地貌构成有中低山脉、平原、戈壁、荒漠、沼泽、湿地等。临泽县土地总面积约2 700平方千米，其中农用地面积约占土地总面积的21%，建设用地约占土地总面积的2%，未利用地面积约占土地总面积的77%。

土地资源评价主要表征区域土地资源条件对人口聚集、工业化和城镇化发展的支撑能力。影响区域土地资源评价的因素多样复杂，并且要素之间相互作用，选用土地资源压力指数作为评价指标，该指数由现状建设开发程度与适宜建设开发程度的偏离程度来反映。

1)技术方法

临泽县土地资源评价流程如图5.1所示。

图5.1　临泽县土地资源评价流程

a)要素筛选

根据临泽县收集资料情况，筛选出永久基本农田、生态保护红线、难以利用土地、一般农用地、坡度、突发地质灾害六种影响土地建设开发的构成要素。

b)建设开发限制性评价

根据所选要素对土地建设开发的限制程度,确定强限制因子与较强限制因子。强限制因子为永久基本农田、生态保护红线、难以利用土地。较强限制因子为一般农用地、坡度、突发地质灾害。

c)建设开发适宜性评价

采用专家打分法对区域内建设开发适宜性评价的构成要素进行赋值。对于强限制性因子,进行 0 和 1 赋值;对于较强限制因子,按限制等级分类进行 0～100 赋值(表 5.1)。

表 5.1 建设开发适宜性评价的构成要素与分类赋值表

因子类型	要素	分类	适宜性赋值
强限制因子	永久基本农田	永久基本农田	0
		其他	1
	生态保护红线	生态保护红线	0
		其他	1
	难以利用土地	永久冰川、戈壁荒漠等	0
		其他	1
较强限制因子	一般农用地	人工草地	40
		耕地	50
		天然草地	60
		园地、林地	80
		其他	100
	坡度	15°以上	40
		8°～15°	60
		2°～8°	80
		0°～2°	100
	突发地质灾害	高易发区	40
		中易发区	60
		低易发区	80
		无地质灾害风险	100

采用限制系数法计算土地建设开发适宜性赋值。

$$E = \prod_{j=1}^{m} F_j \cdot \sum_{k=1}^{n} w_k f_k$$

式中,E 为土地建设开发适宜性得分,j 为强限制因子的构成要素编号,k 为较强限制因子的构成要素编号,m 为强限制因子的构成要素个数,n 为较强限制因子的构成要素个数,F_j 为第 j 个要素的适宜性赋值,f_k 为第 k 个要素的适宜性赋值,w_k 为第 k 个要素的权重。

较强限制因子要素权重(表 5.2)利用层次分析法(AHP)求出。根据临泽县土地利用条件对一般农用地、坡度和突发地质灾害进行专家打分、构造判断矩阵,并通过一致性检验,确定要素权重。

表 5.2 较强限制因子要素权重

要素	要素权重
一般农用地	0.095 53
坡度	0.304 735
突发地质灾害	0.599 735

将计算得出的土地建设开发适宜性得分按照其对建设用地适宜性的影响程度分为最适宜、基本适宜、不适宜和特别不适宜四种类型,其相应的定量分值范围为 75～100、50～75、25～50 和 0～25。

d)现状建设开发程度评价

利用现状建设用地与最适宜、基本适宜建设开发土地之间的空间关系,计算区域现状建设开发程度,其公式为

$$P = S/(S \cup E)$$

式中,S 为现状建设用地面积,E 为土地建设开发适宜性评价中的最适宜、基本适宜区域面积,$S \cup E$ 为二者空间的并集,P 为区域现状建设开发程度,计算后得到的区域现状建设开发程度是一个介于 0 与 1 之间的数值。通过计算得出,临泽县现状建设开发程度指数为 0.1。

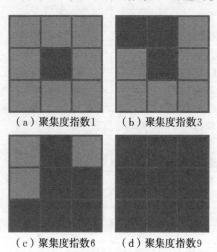

（a）聚集度指数1　　（b）聚集度指数3

（c）聚集度指数6　　（d）聚集度指数9

图 5.2　聚集度指数示意图

e)适宜建设开发程度阈值测算

依据建设开发适宜性评价结果,综合考虑主体功能定位、适宜建设开发空间集中连片情况等,进行适宜建设开发空间的聚集度分析。

适宜空间记为1,不适宜空间记为0,利用栅格数据邻域统计计算每个分值为1的栅格相邻栅格值的和,其算数平均数即为适宜空间聚集度指数(图 5.2)。通过适宜建设开发空间聚集度指数确定离散型(1～3)、一般聚集型(3～6)和高度聚集型(6～9)。

之后结合各区域主体功能定位,确定各评价单元的适宜建设升发程度阈值,并依据空间聚集度和主体功能定位的不同对阈值进行调整(表 5.3)。

表 5.3　基准阈值测算表

基准阈值测算	
适宜空间聚集度高	聚集度指数大于7; 基准阈值上浮 0.1
适宜空间聚集度一般	聚集度指数大于 3 或小于 7; 基准阈值保持不变
适宜空间聚集度低	聚集度指数小于 3; 基准阈值下调 0.1
重点	重点开发区上浮 0.05;
生态、农业	农产品主产区下调 0.05 重点生态功能区下调 0.15

f)压力指数测算及状态判断

对比分析现状建设开发程度与适宜建设开发程度阈值,通过二者的偏离度计算确定土地资源压力指数。其计算公式为

$$D = (P - T)/T$$

式中,D 为土地资源压力指数,P 为现状建设开发程度,T 为基于聚集度分析及主体功能定

位修正后的适宜建设开发程度阈值。

当 $D \geqslant 0$ 时,土地资源压力大;当 $-0.3 < D < 0$ 时,土地资源压力中等;当 $D \leqslant -0.3$ 时,土地资源压力小(表 5.4)。土地资源压力指数的划分标准可结合各类主体功能区对国土开发强度的管控要求进行差异化设置。

表 5.4 土地资源压力评价分级

土地资源指数	$D \leqslant -0.3$	$-0.3 < D < 0$	$D \geqslant 0$
土地资源压力大小	压力小	压力中等	压力大

2)评价结果

通过计算得到临泽县现状建设开发程度 $P = 0.10$,空间聚集度指数为 4.78,属于一般聚集型,基准阈值保持不变,并依据临泽县重点开发区的定位对适宜建设开发程度阈值进行上浮 0.05,得到 $T = 0.58$。通过上述公式求得土地资源压力指数 $D = -0.83$。参照土地资源压力评价分级(表 5.4),可以得出临泽县土地资源"压力小",各类用地特点和空间分布基本符合规划区自然、生态系统要求及社会需求和经济发展的要求。

2. 水资源评价

临泽县多年平均水资源总量为 13.82 亿立方米,产水模数 1.08 万立方米/平方千米,产水系数为 0.921。其中,地表水资源量 12.8 亿立方米,占水资源总量的 92.6%;地下水资源量 1.02 亿立方米,占水资源总量的 7.4%。

临泽县水资源评价采用两种方法:一是基于用水总量控制指标进行评价;二是水资源分项因子评价法。

1)基于用水总量控制指标进行评价

水资源评价表征水资源可支撑经济社会发展的最大负荷。水资源评价采用满足水功能区水质达标要求的水资源开发量(包括用水总量和地下水供水量)作为评价指标,通过对比用水量、地下水供水量、水质与实行最严格水资源管理制度确立的控制指标,并考量地下水超采情况进行评价。

a)技术方法

a. 用水总量

用水总量指正常降水状况下区域内河道外各类用水户从各种水源(地表、地下、其他)取用的包括输水损失在内的水量之和,包括生活用水、工业用水、农业用水和河道外生态环境用水量。

2015 年,临泽县用水总量为 4.57 亿立方米,其中地表水用水量 3.93 亿立方米,地下水用水量 0.64 亿立方米。根据下达的临泽县 2015 年水资源管理控制指标,临泽县 2015 年用水总量控制指标为 4.23 亿立方米(表 5.5),主要江河湖泊水功能区水质达标率控制指标为 80%。临泽县 2015 年用水总量为 4.57 亿立方米(表 5.6)超过下达的控制指标。

b. 地下水供水量

由于临泽县无下达的地下水供水量指标,本研究对地下水超采情况进行评价。

近年来,随着临泽县工农业的发展,特别是戈壁区域农业面积的不断开拓,地下水的利用量在急剧增加。临泽县县城东北侧县气象局附近监测到临泽地下水位深度从 2004—

2010 年变化情况如图 5.3 所示。在此期间,县城东北侧地下水位平均深度为 4.64 米,地下水位仅呈现出季节性的变化,并无明显的年度变化趋势,说明在此区域范围内地下水无超采情况。

表 5.5   临泽县 2015 年水资源管理控制指标

指标 区域	用水总量 控制指标 /亿立方米	用水效率控制指标		主要江河湖泊 水功能区水质 达标率控制指标 /%
		万元工业增加 值用水量 /(立方米/万元)	农田灌溉水 有效利用 系数	
全县	4.23	57	0.58	80

表 5.6   临泽县 2015 年用水量情况

来源	地表水	地下水	合计
用水总量/亿立方米	3.93	0.64	4.57
占用水总量的百分比/%	86.0	14.0	100

图 5.3   2004—2010 年临泽县地下水深度

b)评价结果

根据用水总量与控制指标对比情况,并考虑水质达标与地下水超采情况,将评价结果划分为水资源超载、临界超载和不超载三种类型。用水总量大于控制指标,或存在地下水超采的,划为水资源超载;用水总量介于控制指标 0.9～1.0 倍,或不存在地下水超采的,划分为水资源临界超载;用水总量小于控制指标 0.9 倍且不存在地下水超采的,划分为不超载。

基于以上评价原则,临泽县水资源评价结果为"超载"。临泽县是主要的商品粮生产基地,灌溉面积不断增长,灌溉用水面积大。临泽县农田灌溉主要采用漫灌方式,农业灌溉技术落后,节水设施投入严重不足,再加上人们的节水意识淡薄,水资源紧缺与水资源浪费并存。同时,临泽县水资源重复利用率及处理回用率低,造成水资源的极大浪费。

2)水资源分项因子评价法

a)水资源对人口的承载能力

水资源对人口的承载能力的评价可通过人均水资源可利用量和基于人水关系的水资源承载力评价衡量。

人均水资源可利用量用下式计算,即

$$人均水资源可利用量＝水资源可利用量/人口总量$$

根据上式计算得到的人均水资源可利用量,参照国家级人均水资源可利用量分级标准,划分为较丰富、轻度缺水、中度缺水、严重缺水和极度缺水 5 个等级,并赋分值,如表 5.7 所示。

表 5.7 人均水资源可利用量分级标准

等级	人均水资源可利用量/立方米
较丰富	＞3 000
轻度缺水	3 000～2 000
中度缺水	2 000～1 000
严重缺水	1 000～500
极度缺水	＜500

临泽县人均水资源可利用量为 3 369.06 立方米,等级为较丰富。

基于人水关系的水资源承载力评价,为了更有利于反映临泽县水资源的人口承载能力与现实人口之间的关系,可以通过人均综合用水量区域水资源所能持续供养的人口规模(万人)来表示。其评价模型表达式为

$$WCCI = \frac{P_a W_{pc}}{W}$$

式中,$WCCI$ 为水资源人口承载力指数,P_a 为人口数量,W_{pc} 为人均综合用水量(立方米/人),W 为水资源量。按照水资源盈余、人水平衡、水资源超载 3 种不同类型,共划分为 8 种水资源承载状况,如表 5.8 所示。

表 5.8 水资源人口承载力评价分级标准

类型	水资源承载状况	水资源人口承载力指数($WCCI$)
水资源盈余	富裕	＜0.33
	盈余	0.33～0.50
	较盈余	0.50～0.67
人水平衡	平衡有余	0.67～1.00
	临界超载	1.00～1.33
水资源超载	超载	1.33～2.00
	过载	2.00～5.00
	严重超载	＞5.00

根据临泽县 2015 年人口数量、水资源量及用水量,临泽县水资源人口承载力指数为0.91,处于人水平衡且平衡有余状态。

b)水资源对经济的承载能力

水资源对经济的承载能力由万元地区生产总值(GDP)用水量、万元工业增加值用水量和水资源经济负载指数来衡量。

——万元 GDP 用水量。

万元 GDP 用水量计算公式为

万元 GDP 用水量＝用水总量/GDP 总量

根据上式计算得到的万元 GDP 用水量,参照国家及甘肃省万元 GDP 用水量分级标准,划分为超载、临界超载、不超载 3 个等级,并赋分值,如表 5.9 所示。

临泽县万元 GDP 用水量为 978.44 立方米/万元,处于超载状态,说明临泽县每万元的GDP 消耗水资源量较高。

——万元工业增加值用水量。

万元工业增加值用水量计算公式为

万元工业增加值用水量＝工业用水量/工业增加值

根据上式计算得到的万元工业增加值用水量,参照国家及甘肃省万元工业增加值用水量情况,将万元工业增加值用水量划分为超载、临界超载、不超载 3 个等级,并赋分值,如表 5.10 所示。

表 5.9　临泽县万元 GDP 用水量评价

评价指标	万元 GDP 用水量/(立方米/万元)
超载	＞600
临界状态	200～600
不超载	＜200

表 5.10　临泽县万元工业增加值用水量评价

评价指标	万元工业增加值用水量/(立方米/万元)
超载	＞57
临界状态	20～57
不超载	＜20

临泽县万元工业增加值用水量为 75.99 立方米/万元,处于超载状态。

——水资源经济负载指数。

水资源经济负载指数是水资源开发利用潜力评价的主要指标。水资源经济负载指数可以用区域水资源所能负载的人口和经济规模来表达,反映一定区域内的水资源与人口和经济发展之间的关系,计算公式为

$$C = \frac{K\sqrt{P \times G}}{W}$$

式中,C 为水资源经济负载指数;P 为人口数(万人);G 为 GDP(亿元);W 为水资源总量(亿立方米);K 为与降水有关的系数,根据临泽县降水情况,K 值取 1。

水资源经济负载指数分级评价标准如表 5.11 所示。

表 5.11　临泽县水资源经济负载指数评价

级别	水资源经济负载指数	水资源开发利用程度	水资源开发评价
I	＞10	很高,潜力很小	困难,有条件时需要外流域调水
II	5～10	较高,潜力小	开发条件较困难
III	2～5	中等,潜力较大	开发条件中等
IV	1～2	较低,潜力大	开发条件较容易
V	＜1	低,潜力很大	新修中小工程,开发容易

根据水资源经济负载指数计算公式,临泽县水资源经济负载指数为 5.25,水资源经济负载级别为 II 级,水资源开发利用程度较高,开发潜力小,开发条件较困难。

c)水资源对生态的承载能力

水资源生态承载力是指某一区域在某一具体历史发展阶段,水资源最大供给量可供支持该区域资源、环境及生态可持续发展的能力,以及水资源对生态系统和经济系统良性发展的支撑能力。

水资源生态足迹模型为

$$EF_w = N \times ef_w = N \times \gamma_w \times \frac{W}{P_w}$$

式中，EF_w 为水资源总生态足迹（公顷），N 为人口数，ef_w 为人均水资源生态足迹（公顷/人），γ_w 为水资源全球均衡因子，P_w 为水资源全球平均生产能力（立方米/公顷），W 为总用水量（亿立方米）。其中，水资源全球平均生产能力（P_w）即全球多年平均产水模数，为 3 140 立方米/公顷；水资源全球均衡因子（γ_w）取世界水域均衡因子（WWF2002）的计算值 5.19。

水资源生态承载力模型为

$$EC_w = N \times ec_w = N \times 0.88 \times \psi \times \gamma_w \times \frac{Q}{P_w}$$

式中，EC_w 为水资源承载力（公顷），N 为人口数，ec_w 为人均水资源承载力（公顷/人），γ_w 为水资源全球均衡因子，ψ 为区域水资源的产量因子，Q 为水资源总量（立方米），P_w 为水资源全球平均生产能力（立方米/公顷）。

利用水资源供需平衡指数 EI_w 对水资源生态供需平衡关系进行评价。水资源供需平衡指数 EI_w 的计算公式为

$$EI_w = \frac{EF_w}{EC_w}$$

水资源生态承载力供需平衡分级标准如表 5.12 所示。

表 5.12 水资源生态承载力供需平衡分级标准

类型	水资源生态承载状况	水资源供需平衡指数（EI_w）
水资源生态盈余	富足有余	$EI_w < 0.1$
	富裕	$0.1 \leqslant EI_w < 0.3$
	盈余	$0.3 \leqslant EI_w < 0.8$
水资源生态平衡	平衡有余	$0.8 \leqslant EI_w < 1.0$
	临界超载	$1.0 \leqslant EI_w < 1.2$
水资源生态超载	超载	$1.2 \leqslant EI_w < 5.0$
	过载	$5.0 \leqslant EI_w < 15.0$
	严重超载	$EI_w \geqslant 15.0$

根据水资源生态足迹模型及水资源生态承载力模型进行临泽县水资源生态承载力核算。临泽县水资源生态供需平衡指数为 1.75，处于水资源生态超载状态。

d）水资源开发潜力

临泽县水资源开发潜力如表 5.13 所示。

表 5.13 临泽县水资源开发潜力　　　　　　　单位：万立方米

区域	2015 年实际用水量			水资源可利用量			水资源开发潜力	
	地表水	地下水	合计	地表水	地下水	合计	数量	系数
临泽	39 334	6 369	45 703	4.39	0.64	50 300	4 597	0.09

临泽县水资源开发潜力系数为 0.09，开发潜力很小。

e）分项因子评价结论

基于临泽县水资源相对于人口的承载力较高，水资源较丰富；相对于经济发展的承载力较低，开发程度较困难，其中万元 GDP 用水量超载，万元工业增加值用水量处于超载状态；相对于生态状况的承载力较低，处于水资源生态超载状态，临泽县生态脆弱，因此，临泽县水资源综

合开发利用潜力很小。综上所述,临泽县水资源承载状况整体为超载。

3)综合评价

根据《资源环境承载能力监测预警技术方法(试行)》中要求的用水总量控制指标进行评价,临泽县用水总量超载,地下水开采量处于不超载状态,临泽县水资源承载力处于超载状态。

根据基于水资源可利用量分项因子评价的方法,分项因子评价结论如表5.14所示。根据"短板原理",基于水资源可利用量分项因子评价的方法所得结论为超载状态。

表5.14　基于水资源可利用量分项因子评价结论

序号	分项因子		评价结论
1	水资源人口承载能力	人均水资源可利用量	较丰富
		基于人水关系的水资源承载力	人水平衡且平衡有余
2	水资源经济承载能力	万元GDP用水量	超载状态
		万元工业增加值用水量	临界状态
		水资源经济负载指数	开发条件较困难
3	水资源生态承载能力		超载
4	水资源开发利用潜力		开发潜力很小

通过两种方法对临泽县水资源进行了评价,所得结论均为超载,得出临泽县水资源评价为超载状态。

分析临泽县水资源现状可知,黑河流域不断向下游调水,水资源总量受到严格控制,造成临泽县资源性缺水。另外,由于临泽县农业灌溉主要采用大水漫灌,灌溉技术相对落后,节水设施投入严重不足,造成临泽县农业用水量较高,加之人们的节水意识淡薄,水资源重复利用率较低,水资源紧缺与水资源浪费并存。

3. 环境评价

临泽县不断强化污染减排,突出生态建设,环境状况进一步改善,大气和水环境的各项污染指标就出现了明显的下降趋势。

环境质量评价主要表征环境系统对经济社会活动产生的各类污染物的承受与自净能力。采用污染物浓度超标指数作为评价指标,通过主要污染物年均浓度监测值与国家现行环境质量标准的对比值反映,由大气、水的主要污染物浓度超标指数集成获得。临泽县有一个大气监测站,位于临泽县县城南部,还有高崖和蓼泉桥水文监测断面,均位于黑河干流。

1)评价方法

在主要大气污染物和水污染物浓度超标指数分项测算的基础上,集成评价形成污染物浓度超标指数的综合结果。

a)大气环境评价——大气污染物浓度超标指数

单项大气污染物浓度超标指数。以各项污染物的标准限值表征环境系统所能承受人类各项社会经济活动的阈值(限值采用《环境空气质量标准》(GB 3095—2012)中规定的各类大气污染物浓度限制二级标准),不同区域各项污染指标的超标指数计算公式为

$$R_{气ij} = C_{ij}/S_i - 1$$

式中,$R_{气ij}$ 为区域 j 内第 i 项大气污染物浓度超标指数,C_{ij} 为其年均浓度监测值,S_i 为该污染物浓度二级标准限值。

$$R_{气j} = \max(R_{气ij})$$

式中,$R_{气j}$ 为区域 j 的大气污染物浓度超标指数,其值为 6 项大气污染物浓度超标指数的最大值。

根据《资源环境承载能力监测预警技术方法(试行)》中大气环境评价指标体系和数据收集情况,遴选二氧化氮(NO_2)、二氧化硫(SO_2)和可吸入颗粒物(PM_{10})为临泽县大气环境评价指标,以《环境空气质量标准》(GB 3095—2012)中年平均二级标准为限值,如表 5.15 所示,2016 年临泽县仅 PM_{10} 超标,大气污染物浓度超标指数为 0.057。

表 5.15　大气环境评价结果

评价指标	二级标准限值/(毫克/立方米)	2016 年均值/(毫克/立方米)	指标指数	$\max(R_{气ij})$
二氧化氮(NO_2)	0.04	0.02	-0.50	—
二氧化硫(SO_2)	0.06	0.016	-0.73	—
可吸入颗粒物(PM_{10})	0.07	0.074	0.057	$\max(R_{PM_{10}})$

由于临泽县 PM_{10} 指数超标,对其进行进一步的分析。根据临泽县的气候特点,一般春季为 3~5 月,夏季为 6~8 月,秋季为 9~11 月,冬季为 12 月至次年 2 月,对监测区 2012—2016 年 PM_{10} 浓度的季节变化情况进行分析,从图 5.4 中可以看出,临泽县 PM_{10} 浓度最高出现在冬季,浓度最低出现在夏季。但总体来看,PM_{10} 的浓度由低到高依次为夏季、秋季、春季、冬季。

冬季 PM_{10} 浓度较高的原因可能为:冬季河西走廊及北部内蒙古高原植被覆盖度降低,防风固沙的能力也随之降低,再加上冬季降水较少,风力较大,容易产生浮尘;冬季北方天气寒冷,取暖燃烧大量煤炭,煤炭未经过处理,废气排出较多,加重污染;春节期间大量烟花爆竹的燃放,也是导致大气污染物产生的重要原因。春季 PM_{10} 浓度较高是因春季风沙及沙尘暴对大气污染有直接的影响,造成 PM_{10} 浓度偏高。

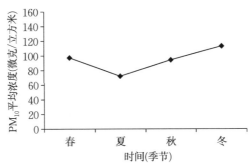

图 5.4　临泽县 2012—2016 年 PM_{10} 浓度的季节变化情况

b)水环境评价——水污染物浓度超标指数

单项水污染物浓度超标指数。以各类控制断面主要污染物年均浓度与该项污染物一定水质目标下水质标准限值的差值作为水污染物超标量。标准限值采用国家 2020 年各控制单元水环境功能分区目标中确定的各类水污染物浓度的水质标准限值,选择溶解氧(DO)、高锰酸盐指数(COD_{Mn})、生化需氧量(BOD)、化学需氧量(COD)、氨氮(NH_3-N)、总磷(TP)、总氮(TN)等 7 项指标开展评价。其计算公式为

$$R_{水ijk}=1/(C_{ijk}/S_{ik})-1, \quad i=1$$

$$R_{水ijk}=C_{ijk}/S_{ik}-1, \quad i=2,\cdots,7$$

$$R_{水ij}=\sum_{k=1}^{N_j}R_{水ijk}/N_j, \quad i=2,\cdots,7$$

$$R_{水jk}=\max_i(R_{水ijk}), \quad i=2,\cdots,7$$

$$R_{水j}=\sum_{k=1}^{N_j}R_{水jk}/N_j$$

式中,$R_{水jk}$ 为区域 j 第 k 个断面的水污染物浓度超标指数,$R_{水j}$ 为区域 j 的水污染物浓度超标指数。C_{ijk} 为区域 j 第 k 个断面第 i 项水污染物的年均浓度监测值,S_{ik} 为第 k 个断面第 i 项水污染物的水质标准限值。$i=1,2,\cdots,7$,分别对应 DO、COD$_{Mn}$、BOD、COD、NH$_3$-N、TN、TP;k 为某一控制断面,$k=1,2,\cdots,N_j$,N_j 表示区域 j 内控制断面个数。当 k 为河流控制断面时,计算 $R_{水jk}$,$i=1,2,\cdots,7$;当 k 为湖库控制断面时,计算 $R_{水jk}$,$i=1,2,\cdots,7$。

按照国家 2020 年各控制单元水环境功能分区目标中确定的各类水污染物浓度的水质标准限值,临泽县黑河段的目标水质为Ⅲ类(《地表水环境质量标准》(GB 3838—2002)),临泽县境内黑河干流有两个监测站,分别位于黑河蓼泉桥和板桥镇水文站。水环境评价标准及评价结果如表 5.16 所示。

表 5.16　水环境评价标准及评价结果

评价指标	Ⅲ类限值	指标指数	max($R_{水ijk}$)
溶解氧(DO)	≥5 毫克/升	−0.375	—
高锰酸盐指数(COD$_{Mn}$)	≤6 毫克/升	−0.591	—
生化需氧量(BOD)	≤4 毫克/升	−0.511	—
化学需氧量(COD)	≤20 毫克/升	−0.554	—
氨氮(NH$_3$-N)	≤1.0 毫克/升	−0.745	—
总磷(TP)	≤0.2 毫克/升	−0.634	—
总氮(TN)	≤1.0 毫克/升	2.102	max($R_{水TN}$)

2)评价结果

污染物浓度综合超标指数采用极大值模型进行集成。其计算公式为

$$R_j=\max(R_{气j},R_{水j})$$

式中,R_j 为区域 j 的污染物浓度综合超标指数,$R_{气j}$ 为区域 j 的大气污染物浓度超标指数,$R_{水j}$ 为区域 j 的水污染物浓度超标指数。

根据污染物浓度综合超标指数,将评价结果划分为污染物浓度超标、接近超标和未超标三种类型。污染物浓度综合超标指数越小,表明区域环境系统对社会经济系统的支撑能力越强(表 5.17)。

表 5.17　环境评价阈值与重要参数

污染物浓度综合超标指数	>0	−0.2~0	<−0.2
评价结果	超标状态	接近超标状态	未超标状态

临泽县污染物浓度综合超标指数为 2.102(>0),环境评价结果为"超标状态"。临泽县大气环境评价指标中 PM$_{10}$ 和水环境评价指标中 TN 超标,PM$_{10}$ 超标的主要原因可能与临泽县处于干旱地区,降水量较少、植被覆盖度不高,而且所处的河西走廊比较容易出现沙尘、扬尘

天气有关,相关研究也表明河西走廊地区 PM_{10} 来源相对单一,并且与沙尘、扬尘天气存在显著的正相关关系,沙尘天气对 PM_{10} 浓度贡献显著,还与风速、湿度等气象条件密切相关。TN 超标的原因是黑河经流区域为大范围的农业区域,长期使用氮肥,特别是含氮量比较高的尿素,经降水或灌溉水下渗汇入黑河干流,导致 TN 超标。

总氮(TN)是衡量水质的重要指标之一,是指各种形态的无机和有机氮总量,主要包括硝酸盐、亚硝酸和氨氮等。临泽县地下水中 NO_3^- 浓度远高于水库和地表水中的含量,并且 2005 年至 2014 年期间呈现出非常明显的上升趋势(图 5.5),水库和地表水中 NO_3^- 浓度基本保持稳定状态。

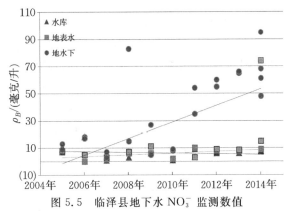

图 5.5 临泽县地下水 NO_3^- 监测数值

临泽县的两个监测站蓼泉桥水文站和高崖水文站位于黑河干流,均监测的是过境水,蓼泉桥水文站总氮(TN)的指标指数为 2.24,高崖水文站总氮(TN)的指标指数为 1.96,高崖水文站位于蓼泉桥水文站上游,蓼泉桥水文站总氮的指标指数大于高崖水文站总氮的指标指数,说明在临泽县总氮(TN)为聚集增加的态势。

4. 生态评价

临泽县处于干旱地区,其蒸发较强、降水量少,并且该地区降水多集中在每年 6、7、8 月,降水强度大、时间短,易造成水土流失、土壤层破坏。根据张掖市质量环境公报,临泽县生态环境状况指数为 24.41,生态环境处于"较差"状态。临泽县不断推进生态文明建设,加强了张掖黑河湿地国家级自然保护区(临泽段)、张掖丹霞地质公园等重点生态保护区域建设,县内有 6 个乡镇已被命名为国家级生态乡镇,平川镇芦湾村已被命名为国家级生态村。

对临泽县生态评价采用了两种方法,第一种是基于《资源环境承载能力监测预警技术方法(试行)》评价;第二种是基于 P-S-R 模型方法评价。

1)基于《资源环境承载能力监测预警技术方法(试行)》评价

a)指标内涵

生态评价主要表征社会经济活动压力下生态系统的健康状况。采用生态系统健康度作为评价指标,通过发生水土流失、土地沙化、盐渍化和荒漠化等生态退化的土地面积比例反映。

b)算法与步骤

通过区域内已经发生生态退化的土地面积比例及程度反映生态系统健康度,计算公式为

$$H = A_d / A_t$$

式中,H 为生态系统健康度;A_d 为中度及以上退化土地面积,包括中度及以上的水土流失、土

地沙化、盐渍化和荒漠化面积；A_t 为评价区的土地面积。水土流失、土地沙化、盐渍化和荒漠化面积及等级参考水利部、国家林业和草原局的公布结果。

c)评价结果

利用从中国科学院地理科学与资源研究所收集到的水土流失、盐渍化和荒漠化数据,计算生态系统健康度,并参考生态系统健康度分级标准(表5.18),可以得出最终评价结果。

表5.18   生态系统健康度分级标准

生态系统健康度	>10%	5%~10%	<5%
评价结果	低	中等	高

经计算得出临泽县生态系统健康度 $H=50.15\%$,由表5.18可知,临泽县生态系统健康度为"低",说明临泽县生态系统的健康状况差。临泽县处于干旱半干旱地区,2015年降水量仅为115.6 mm,地面蒸发作用强烈,植被稀少,存在大面积的荒漠区域,比较容易造成水土流失、盐渍化和荒漠化。

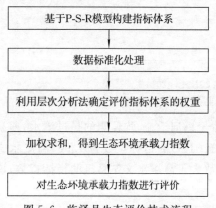

图5.6   临泽县生态评价技术流程

2)基于 P-S-R 模型方法评价

临泽县生态评价通过借鉴前人的研究,选用 P-S-R 模型构建临泽县生态系统评价指标体系。P-S-R 模型,即压力-状态-响应模型,是国际经济合作与发展组织(OECD)与联合国环境规划署(UNEP)共同提出的,具有非常清晰的因果关系,在环境、生态、地球科学等领域中被承认和广泛使用。

a)指标体系构建

本次研究基于 P-S-R 模型,技术流程如图5.6所示,从生态系统抵抗外界干扰能力、资源环境的供容能力及人类社会对生态系统的影响力三个方面入手,依据社会经济与生态环境有机统一的特点,构建临泽县生态系统承载力评价指标体系(表5.19)。评价指标分为目标层、准则层和指标层。

表5.19   临泽县生态系统承载力评价指标体系及对应数值

目标层	准则层	序号	指标	原始数据	标准化后数据
生态系统承载力	生态弹性力	1	年均降水量/毫米	115.6	2.9
		2	年均气温/℃	9.4	−0.6
		3	湿地面积比重/%	5.5	−0.8
		4	盐渍化面积比重/%	0.3	−0.9
		5	土壤侵蚀面积比重/%	45.1	0.6
		6	土地沙漠化面积比重/%	7.2	−0.7
生态系统承载力	资源与环境承载力	7	森林覆盖率/%	16.5	−0.4
		8	草原覆盖率/%	18.2	−0.3
		9	水资源总量/亿立方米	13.8	−0.5
		10	人均耕地面积/(平方千米/人)	1.0	−0.5

续表

目标层	准则层	指标层			
		序号	指标	原始数据	标准化后数据
生态系统承载力	人类社会影响力	11	人均粮食产量/(吨/人)	12.9	−0.9
		12	人口承载力/(人/平方千米)	54.7	0.9
		13	城镇化率/%	40.7	0.4
		14	经济密度/(百万元/平方千米)	1.8	−0.9
		15	恩格尔系数/%	32.6	0.16
		16	垦殖率/%	12.9	−0.5
		17	城区绿化覆盖率/%	45.0	0.57
		18	节能环保支出/百万元	69.3	1.38

b)数据标准化

利用 SPSS22.0 中的描述性分析,进行标准化处理。计算方法为 Z-Score,是一种无因次值,即从某一原始值中减去所有原始值的平均值,在依照所有原始值的标准差分为不同的差距。其计算公式为

$$Z = \frac{X - \mu}{\sigma}$$

式中,X 为需要标准化的原始数据,$\mu = E(X)$ 为整体的平均值,σ 为整体的标准差。

c)权重确定

参考前人关于生态系统承载力的研究,结合临泽县的环境特点,对指标体系中的所有指标在生态系统承载力中承担角色的重要性进行两两比较,再将比较值运用数学方法进行规范处理。目前,使用比较多的方法是层次分析法(AHP)。

——建立多维要素模型。

评价指标模型 Q 是一个 n 维的可扩充的向量,即

$$Q(s) = \begin{bmatrix} q_1(s_1) & q_2(s_1) & \cdots & q_m(s_1) \\ q_1(s_2) & q_2(s_2) & \cdots & q_m(s_2) \\ \vdots & \vdots & & \vdots \\ q_1(s_n) & q_2(s_n) & \cdots & q_m(s_n) \end{bmatrix} = \begin{bmatrix} q_{11} & q_{12} & \cdots & q_{1m} \\ q_{21} & q_{22} & \cdots & q_{2m} \\ \vdots & \vdots & & \vdots \\ q_{n1} & q_{n2} & \cdots & q_{nm} \end{bmatrix}$$

式中,q_m 表示模型中的评价指标,m 表示评价指标的个数,n 表示评价县的个数。本次研究取 $m = 18$,$n = 1$。

——构造判断矩阵。

对选取的 18 个指标作为生态系统评价要素,构造判断矩阵,矩阵结构为

$$A = (a_{ij})_{n \times n}$$

式中,$a_{ij} \in (0, 10)$,$a_{ij} = 1$,$i = j = 1, 2, \cdots, n$,$a_{ij} = 1/a_{ji}(i \neq j)$,$a_{ij}$ 根据指标的相对重要性选取,通过对指标进行两两比较形成判断矩阵(表 5.20)。

表 5.20　指标相对重要性比例标度

标度	含义
1	A 指标相比 B 指标,两者同等重要
3	A 指标相比 B 指标,A 指标比 B 指标略微重要

标度	含义
5	A 指标相比 B 指标，A 指标比 B 指标重要
7	A 指标相比 B 指标，A 指标比 B 指标十分重要
9	A 指标相比 B 指标，A 指标比 B 指标极其重要
2,4,6,8	上述相邻判断的中值

AHP 方法中指标的相对重要性的选取，通常采用九分比例标度。

临泽县生态系统承载力评价指标判断矩阵如表 5.21 所示。

——计算权重系数。

使用和积法标准化判断矩阵，即

$$\bar{a}_{ij} = \frac{a_{ij}}{\sum\limits_{k=1}^{n} a_{kj}}, \quad i = j = 1, 2, \cdots, n$$

将矩阵按行依次相加，即

$$\overline{W}_i = \sum_{j=1}^{n} \bar{a}_{ij}, \quad i = j = 1, 2, \cdots, n$$

对矩阵 W 进行标准化，即

$$W_i = \frac{\overline{W}_i}{\sum\limits_{j=1}^{n} \overline{W}_j}, \quad i = j = 1, 2, \cdots, n$$

通过以上各式所求解出的矩阵 W 中的特征向量，即为评价指标的权重（表 5.22）。

——一致性检验。

层次分析法就是将人的主观判断通过一系列的处理转换成客观的表述。由于人认识的主观性及客观表述的复杂性，因此对判断矩阵进行一致性检验就是必不可少的。假设判断矩阵 A 的最大特征根为 $\lambda_{\max}$，其相对应的特征向量为 W，则 $AW = \lambda_{\max} W$，其一致性指标为

$$CI = \frac{\lambda_{\max} - n}{n - 1}$$

式中，$\lambda_{\max} = \sum\limits_{i=1}^{n} \frac{(AW)_i}{nW_i}$。为了检验判断矩阵的一致性是否满足要求，需要引入一个平均随机的一致性指标 RI，并通过计算得出 18 阶重复计算所得 RI 值的平均值为 1.613。若 $CI/RI <$ 0.1 时，则认为判断矩阵满足一致性要求，反之则需要调整判断矩阵。

——生态系统承载力综合值计算。

通过构造线性加权函数来计算生态评价的综合值，生态系统承载力综合值 $Score(S_i)$ 的计算公式为

$$Score(S_i) = \sum_{j=1}^{n} (q_{ij} w_j)$$

式中，q_{ij} 为各指标归一化后的结果，w_j 为各评价指标的权重。

d）评价结果

对各指标标准化后的数值加权求和，得到临泽县生态系统承载力、生态弹性力、资源与环境承载力和人类社会影响力得分，分别为 -0.106、-0.049、-0.167、0.109。参照生态系统承载力分级评价（表 5.23），可以得出最终的评价结果。

表 5.21　临泽县生态系统承载力评价指标判断矩阵

	年均降水量	年均气温	湿地面积比重	盐渍化面积比重	土壤侵蚀面积比重	土地沙漠化面积比重	森林覆盖率	草原覆盖率	水资源总量	人均耕地面积	人均粮食产量	人口承载力	城镇化率	经济密度	恩格尔系数	垦殖率	城区绿化覆盖率	节能环保支出
年均降水量	1	1/2	1/3	1/3	1/3	1/4	1/6	1/6	1/3	4	1/2	2	1/4	1/4	4	4	1/5	1/3
年均气温	2	1	1/5	1/5	1/5	1/6	1/8	1/8	1/5	2	1/4	1/2	1/6	1/6	2	2	1/7	1/5
湿地面积比重	3	5	1	1	1	1/2	1/4	1/4	1	6	2	4	1/2	1/2	6	6	1/3	1
盐渍化面积比重	3	5	1	1	1	1/2	1/4	1/4	1	6	2	4	1/2	1/2	6	6	1/3	1
土壤侵蚀面积比重	3	5	1	1	1	1/2	1/4	1/4	1	6	2	4	1/2	1/2	6	6	1/3	1
土地沙漠化面积比重	4	6	2	2	2	1	1/3	1/3	2	7	3	5	1	1	7	7	1/2	2
森林覆盖率	6	8	4	4	4	3	1	1	4	9	5	7	3	3	9	9	2	4
草原覆盖率	6	8	4	4	4	3	1	1	4	9	5	7	3	3	9	9	2	4
水资源总量	3	5	1	1	1	1/2	1/4	1/4	1	6	2	4	1/2	1/2	6	6	1/3	1
人均耕地面积	1/4	1/2	1/6	1/6	1/6	1/7	1/9	1/9	1/6	1	1/5	1/3	1/7	1/7	1	1	1/8	1/6
人均粮食产量	2	4	1/2	1/2	1/2	1/3	1/5	1/5	1/2	5	1	3	1/3	1/3	5	5	1/4	1/2
人口承载力	1/2	2	1/4	1/4	1/4	1/5	1/7	1/7	1/4	3	1/3	1	1/5	1/5	3	3	1/6	1/4
城镇化率	4	6	2	2	2	1	1/3	1/3	2	7	3	5	1	1	7	7	1/2	2
经济密度	4	6	2	2	2	1	1/3	1/3	2	7	3	5	1	1	7	7	1/2	2
恩格尔系数	1/4	1/2	1/6	1/6	1/6	1/7	1/9	1/9	1/6	1	1/5	1/3	1/7	1/7	1	1	1/8	1/6
垦殖率	1/4	1/2	1/6	1/6	1/6	1/7	1/9	1/9	1/6	1	1/3	1/3	1/7	1/7	1	1	1/8	1/6
城区绿化覆盖率	5	7	3	3	3	2	1/2	1/2	3	8	4	6	2	2	8	8	1	3
节能环保支出	3	5	1	1	1	1/2	1/4	1/4	1	6	2	4	1/2	1/2	6	6	1/3	1

表 5.22 临泽县生态系统承载力评价指标权重及得分

评价项目层	指标	指标权重	得分
生态弹性力	年均降水量/毫米	0.023	0.065
	年均气温/℃	0.014	−0.009
	湿地面积比重/%	0.049	−0.036
	盐渍化面积比重/%	0.049	−0.045
	土壤侵蚀面积比重/%	0.049	0.028
	土地沙漠化面积比重/%	0.074	−0.052
资源与环境承载力	森林覆盖率/%	0.154	−0.09
	草原覆盖率/%	0.154	−0.050
	水资源总量/亿立方米	0.049	−0.023
	人均耕地面积/(平方千米/人)	0.009	0.005
	人均粮食产量/(吨/人)	0.033	−0.030
人类社会影响力	人口承载力/(人/平方千米)	0.018	0.016
	城镇化率/%	0.074	0.032
	经济密度/(百万元/平方千米)	0.074	−0.065
	恩格尔系数/%	0.009	0.001
	垦殖率/%	0.009	−0.005
	城区绿化覆盖率/%	0.110	0.063
	节能环保支出/百万元	0.049	0.067

由表 5.23 可知,2015 年临泽县呈现"弱稳定-低承载-弱压"的状态,整体生态系统承载力表现为"一般"。这表明,临泽县社会经济的发展、自然资源的开采利用对本就敏感的生态系统产生了轻微的压力作用,造成一定程度的生态环境破坏。其中,生态弹性力表现为"弱稳定",说明生态系统较敏感,自我维持、自我调节能力较弱,容易遭到破坏且不易恢复;资源与环境承载力为"低承载",由于人类对自然资源的开采强度与速度过高,开采造成的副作用较大,已逼近资源与环境可承载的临界范围,因此,需及时采取保护措施,调整资源开发利用的力度与产业结构,缓解资源与环境子系统的压力;人类社会影响力为"弱压",通过近年来不断加强生态环境整治工作,使生态环境有所改善,但由于临泽县特殊的地理位置,导致"局部治理,整体恶化"的现象仍然存在。

表 5.23 生态系统承载力分级评价

评价因素	−1～−0.6	−0.6～−0.2	−0.2～0.2	0.2～0.6	0.6～1
生态系统承载力	极弱	较弱	一般	较强	极强
生态弹性力	极不稳定	不稳定	弱稳定	较稳定	稳定
资源与环境承载力	极不可承受	不可承载	低承载	中等承载	高承载
人类社会影响力	高压	中压	弱压	弱支持	支持

3)综合评价

根据《资源环境承载能力监测预警技术方法(试行)》中要求的生态系统健康度进行评价,临泽县生态系统健康度为"低"。生态系统健康状况的判别,是相当复杂的一项工程,需要综合考虑生态系统的各个方面,不能单纯地采用水土流失、盐渍化、荒漠化和土地沙化来计算。另外,生态系统健康度仅反映了生态系统的健康状况,而本书研究的是生态系统承载力,关注的是生态系统的自我维持和自我调节能力,以及可维持养育的社会经济活动强度和具有一定生活水平的人口数量,有一定的人类的参与和影响,而生态系统健康度,注重了生态系统的自然环境,未能体现生态系统承载力。

P-S-R 模型能够从总体上反映出资源与人口、社会、经济、生态之间相互制约的关系,能够突出生态受到压力和生态退化之间的因果关系,将人类对生态系统的影响也考虑在内,综合反映临泽县的生态系统承载力。采用以 P-S-R 模型计算出的生态承载力为最终结论,临泽县生态系统承载力为"一般"。

二、专项评价

《甘肃省主体功能区规划》将临泽县列为重点开发区,属省级重点开发区域——张掖地区(甘州-临泽)的重要组成部分。因此,对临泽县开展城市化地区专项评价。

1. 评价指标及内涵

在《资源环境承载能力监测预警技术方法(试行)》的专项评价中,城市化地区评价采用水气环境黑灰指数为特征指标,由城市黑臭水体污染程度和 $PM_{2.5}$ 超标情况集成获得。基于临泽县实际情况,县域城区缺乏黑臭水体监测站点,无法获取黑臭水体相关数据,因此用"饮用水功能区水质达标情况"替换"城市黑臭水体污染程度"评价内容。临泽县地处河西走廊,属于干旱地区,降水量较少,植被覆盖率不高,较容易出现沙尘、扬尘天气。相关研究表明河西走廊地区 PM_{10} 来源相对单一,并且与沙尘、扬尘天气存在显著的正相关关系,沙尘天气对 PM_{10} 浓度贡献显著,因此,不适宜使用原评价方法中的" $PM_{2.5}$ 超标情况"作为临泽县城市化地区的评价内容。基于临泽县现状和数据获得情况,使用" PM_{10} 超标情况"替换原" $PM_{2.5}$ 超标情况"评价内容。

通过指标调整后,临泽县城市化地区水气环境黑灰指数由饮用水功能区水质达标情况和 PM_{10} 超标情况集成获得。

2. 评价方法

1)水环境质量(饮用水功能区水质达标情况)

依据区域饮用水功能区水质达标情况,得到水环境质量评价结果。城市化地区水环境质量评价分级标准如表 5.24 所示。

表 5.24 城市化地区水环境质量评价分级标准

水质达标率	100%	90%~100%	80%~90%	≤80%
评价结果	轻度	中度	重度	严重

2011—2015 年监测数据显示,临泽县城市集中式饮用水水源地水质良好,饮用水源水质达标率 100%,水质保持稳定。

依据评价分级标准,评价结果为"轻度"。

2)城市环境空气质量(PM_{10})

以区域年均 PM_{10} 浓度值为基础数据,与《环境空气质量标准》(GB 3095—2012)规定的标准值进行比较,得到评价区域的城市环境空气结果(表 5.25)。

表 5.25　PM$_{10}$ 浓度评价分级标准

PM$_{10}$ 浓度超标倍数	$\leqslant 0$	$0 \sim 0.1$	$0.1 \sim 0.2$	$\geqslant 0.2$
评价结果	轻度	中度	重度	严重

根据环境空气质量的标准值（GB 3095—2012）。PM$_{10}$ 一级和二级浓度限值标准如表 5.26 所示。

表 5.26　PM$_{10}$ 浓度限值

平均时间	一级浓度限值 /（毫克/立方米）	二级浓度限值 /（毫克/立方米）
年平均	40	70
24 小时平均	50	150

注：一级浓度限值适用于一类区，包括自然保护区、风景名胜区和其他需要特殊保护的区域；二级浓度限值适用于二类区，包括居住区、商业交通居民混合区、文化区、工业区和农村地区。

临泽县 2012—2016 年环境空气质量监测数据显示（图 5.7），2014 年 PM$_{10}$ 年均浓度低于国家二级标准，其余均高于国家二级标准，但 PM$_{10}$ 呈下降趋势。2016 年 PM$_{10}$ 年均浓度为 74 毫克/立方米，与环境空气质量的标准值（GB 3095—2012）相比较，超标倍数为 0.06（表 5.27），按照表 5.25 的分级标准，评价结果为"中度"。

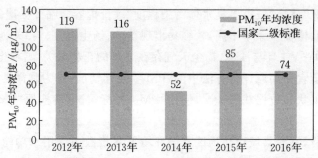

图 5.7　临泽县 2012—2016 年 PM$_{10}$ 年均浓度变化情况

表 5.27　PM$_{10}$ 浓度限值

时间	2012 年	2013 年	2014 年	2015 年	2016 年
PM$_{10}$ 年均浓度/（毫克/立方米）	119	116	52	85	74
超标倍数	0.70	0.66	-0.26	0.21	0.06

3）水气环境黑灰指数

根据饮用水功能区水质达标情况和 PM$_{10}$ 超标情况，集成得到水气环境黑灰指数评价结果，并进行城市化地区评价等级划分对城市水气环境的差异化等级划分。将二者均为重度污染或 PM$_{10}$ 严重污染的划分为超载，将二者中任意一项为重度污染或二者均为中度污染的划分为临界超载，其余为不超载。

3. 评价结果

根据临泽县 2016 年水环境和环境空气质量 PM$_{10}$ 监测数据，临泽县水环境质量（水环境功能区水质达标情况）评价结果为"轻度"，城市环境空气质量（PM$_{10}$）评价结果为"中度"，集成得到临泽县城市化地区评价结果为"不超载"。

三、集成评价

针对临泽县陆域评价中土地资源、水资源、环境和生态评价结果，遴选集成评价指标，形成超载类型划分的集成评价体系，开展相应的过程评价，完成预警等级的划分。

1. 超载类型划分

1）技术方法

《资源环境承载能力监测预警技术方法（试行）》提出采用"短板效应"原理来确定超载类型。但在研究过程中发现，根据"短板效应"原理综合集成划分资源环境超载类型时，不能全面地体现地区评价结果，也不能反映出影响地区超载类型划分的主要因素。

因此，在充分考虑临泽县情况的基础上，为了更加客观真实地体现资源环境承载状况和超载程度，本研究拟采取综合加权的方法对基础评价和专项评价结果进行集成分析，得出"综合超载指数"，通过综合超载指数对地区资源环境的超载类型进行划分。具体方法如下：

第一步：评价结果统一赋值。对基础评价和专项评价各项指标的评价结果赋值，"超载"赋值为2，"临界超载"赋值为1，"不超载"赋值为0。

第二步：评价指标赋予权重。综合考虑基础评价和专项评价五项指标，采用专家打分法对不同指标赋予相应的权重。其中，由于只开展了城市化地区的专项评价，因此专项评价作为整体被赋予权重。其中，基于生态文明建设的重要性，环境污染物浓度超标指数是直接影响生态环境和人类健康的重要指标，临泽县尤为重视环境的保护和治理，在资源环境承载能力集成评价中应适当增加"污染物浓度超标指数"权重。各评价指标权重赋值如表5.28所示。

表 5.28　各评价指标权重赋值

评价指标	基础评价				专项评价
	土地资源压力指数	水资源开发利用量	污染物浓度超标指数	生态系统承载力	
权重	20%	15%	25%	20%	20%

第三步：确定超载界线。加权算得"综合超载指数"范围在0～2。当"综合超载指数"≥1.0时，确定为超载类型；"综合超载指数"介于0.8～1.0（不含1.0）时，确定为临界超载类型；"综合超载指数"<0.8时，确定为不超载类型。

第四步：加权计算。各评价指标的权重和评价结果赋值的乘积相累加，加权计算得到"综合超载指数"。

第五步：得出结论。以"综合超载指数"为评价依据，根据超载界线评价标准，划分超载类型，得出集成结论。

基于以上"综合超载指数"原理，确定超载、临界超载、不超载3种超载类型，形成超载类型划分方案。

2）集成指标遴选

根据《资源环境承载能力监测预警技术方法（试行）》的要求，本研究集成指标包括5个陆域评价指标，指标项具体如表5.29所示。

表 5.29　超载类型划分中的集成指标及分级

指标来源		指标名称	指标分级		
陆域评价	基础评价	土地资源	土地资源压力指数	压力大	压力中等	压力小
		水资源	水资源开发利用量	超载	临界超载	不超载
		环境	污染物浓度超标指数	超载	临界超载	不超载
		生态	生态系统承载力	健康度低	健康度中等	健康度高
	专项评价	城市化地区	水气环境黑灰指数	超载	临界超载	不超载

整理临泽县陆域评价结果,如表 5.30 所示。

表 5.30　评价结果

评价指标	基础评价				专项评价
	土地资源压力指数	水资源开发利用量	污染物浓度超标指数	生态系统健康度	水气环境黑灰指数
评价结果	压力小	超载	超标	一般	不超载

采取综合加权的集成评价方法,将各指标评价结果为超载的赋值为 2,临界超载的赋值为 1,不超载的赋值为 0,同时根据各项评价指标的赋值,加权计算临泽县资源环境"综合超载指数",最后集成分析确定超载类型(表 5.31)。

表 5.31　综合超载指数和超载类型集成

评价指标	基础评价				专项评价
	土地资源压力指数	水资源开发利用量	污染物浓度超标指数	生态系统健康度	水气环境黑灰指数
评价结果	0	2	2	1	0

采用综合加权的方法,得到临泽县"综合超载指数"为 1.0(≥1.0),确定为"超载"类型。

2. 预警等级划分

针对超载类型划分结果,开展过程评价,根据资源环境耗损的加剧或趋缓态势,划分红色预警、橙色预警、黄色预警、蓝色预警、绿色预警 5 级警区。

1)过程评价

陆域过程评价通过陆域资源环境耗损指数反映。该指数由资源利用率变化(土地资源利用效率和水资源利用效率)、污染物排放强度变化(水污染物排放强度和大气污染物排放强度)和生态质量变化 3 项指标集合而成。

陆域资源环境耗损指数是人类生产生活过程中的资源利用效率、污染排放强度及生态质量等变化过程特征的集合,是反映陆域资源环境承载状况变化及可持续的重要指标。《资源环境承载能力监测预警技术方法(试行)》中资源利用效率变化的计算分别采用行政区区域内单位 GDP 的建设用地面积变化和单位 GDP 的用水总量来表示。临泽县农业 GDP(即农业增加值)和农业用水量比例相对较高,2016 年临泽县农业 GDP 为 15.43 亿元,占 GDP 总量的 30.8%;2016 年临泽县农业用水量为 43 175 万立方米,占用水总量的 96.12%。基于以上实际状况,本过程评价的"资源利用效率变化"指标层选用农业用地土地资源利用效率变化和农业用水水资源利用效率变化。同时,基于实际数据获取情况,资源利用效率变化数据层选用 5 年平均增速(2012—2016 年),污染物排放强度变化数据层选用 4 年平均增速(2012—2015 年),生态质量变化数据层选用 4 年平均增速(2012—2015 年)。临泽县陆域资源环境耗损指数测度指标划分如表 5.32 所示,陆域资源环境耗损指数类别划分标准如表 5.33 所示。

表 5.32　陆域资源环境耗损指数测度指标划分

概念层	类别层	指标层(关键指标)	数据层
陆域资源环境耗损指数	资源利用效率变化	土地资源利用效率变化(农业用地)	5 年平均增速
		水资源利用效率变化(农业用水)	5 年平均增速
	污染物排放强度变化	大气污染物排放强度变化(二氧化硫、氮氧化物)	4 年平均增速
		水污染物排放强度变化(化学需氧量、氨氮)	4 年平均增速
	生态质量变化	林草覆盖率变化	4 年平均增速

表 5.33　陆域资源环境耗损指数类别划分标准

名称	类别	指标	分类标准
资源利用效率变化	低效率	变化趋差	二类速度指标均低于全国平均水平
	高效率	变化趋良	除上述情况外的其他情况
污染物排放强度变化	高强度	变化趋差	至少三类强度指标均高于全国平均水平
	低强度	变化趋良	除上述情况外的其他情况
生态质量变化	低质量	变化趋差	林草覆盖率年均增速低于全国平均水平
	高质量	变化趋良	林草覆盖率年均增速不低于全国平均水平

a)资源利用效率变化

——土地资源利用效率变化。

土地资源利用效率变化计算公式为

$$L_e = \sqrt[5]{\frac{\left(\dfrac{L_{2012}}{GDP_{2012}}\right)}{\left(\dfrac{L_{2016}}{GDP_{2016}}\right)}} - 1$$

式中,L_e 为年均农业土地资源利用效率增速(基准年为 2012 年),L_{2012} 为 2012 年行政区域内农业用地面积,GDP_{2012} 为 2012 年农业 GDP,L_{2016} 为 2016 年行政区域内农业用地面积,GDP_{2016} 为 2016 年农业 GDP。

临泽县 2012—2016 年 5 年的单位农业 GDP 农业用地面积,来源于《临泽县统计年鉴》(2012—2016 年)。据此计算临泽县 2012—2016 年农业土地资源利用效率增速 L_e 为 0.048,高于全国平均水平(0.023),临泽县的农业用地土地资源利用效率增速高于全国农业用地土地资源利用效率增速。

——水资源利用效率变化。

水资源利用效率变化计算公式为

$$W_e = \sqrt[5]{\frac{\left(\dfrac{W_{2012}}{GDP_{2012}}\right)}{\left(\dfrac{W_{2016}}{GDP_{2016}}\right)}} - 1$$

式中，W_e 为年均农业水资源利用效率增速（基准年为 2012 年），W_{2012} 为 2012 年行政区域内农业用水量，GDP_{2012} 为 2012 年农业 GDP，W_{2016} 为 2016 年行政区域内农业用水量，GDP_{2016} 为 2016 年农业 GDP。

根据临泽县数据情况，选取 2012 年和 2016 年临泽县农业用水量及农业 GDP 作为农业水资源利用效率核算的基本数据。经计算，临泽县农业水资源利用效率增速 W_e 为 0.01，低于全国平均水平（0.046）。临泽县的农业水资源利用效率增速低于全国农业用水水资源利用效率增速。

基于农业用地土地资源、农业用水水资源利用效率变化结果，两类农业资源利用效率均呈增加趋势，其中农业用地土地资源利用效率增速高于全国平均水平，农业用水水资源利用效率增速低于全国平均水平。综合两类指标计算结果，得到临泽县资源利用效率变化类别为"高效率"，指标为"变化趋良"。

b)污染物排放强度变化

——大气污染物排放强度变化。

大气污染物（二氧化硫、氮氧化物）排放强度变化计算公式为

$$A_e = \sqrt[4]{\frac{\left(\dfrac{A_{2015}}{GDP_{2015}}\right)}{\left(\dfrac{A_{2012}}{GDP_{2012}}\right)}} - 1$$

式中，A_e 为 2012 年大气污染物（二氧化硫、氮氧化物）排放强度增速，A_{2015} 为 2015 年大气污染物（二氧化硫、氮氧化物）排放量，A_{2012} 为 2012 年大气污染物（二氧化硫、氮氧化物）排放量。

根据临泽县 2012—2015 年二氧化硫、氮氧化物排放量，经计算，临泽县二氧化硫、氮氧化物排放强度增速分别为 -0.048 和 -0.031，均高于全国平均水平（-0.089 和 -0.112）。

——水污染物排放强度变化。

水污染物（化学需氧量、氨氮）排放强度变化计算公式为

$$D_e = \sqrt[4]{\frac{\left(\dfrac{D_{2015}}{GDP_{2015}}\right)}{\left(\dfrac{D_{2012}}{GDP_{2012}}\right)}} - 1$$

式中，D_e 为 2012 年水污染物（化学需氧量、氨氮）排放强度增速，D_{2015} 为 2015 年水污染物（化学需氧量、氨氮）排放量，D_{2012} 为 2012 年水污染物（化学需氧量、氨氮）排放量。

根据临泽县 2012—2015 年化学需氧量、氨氮排放量，经计算，临泽县化学需氧量、氨氮排放强度增速分别为 -0.075 和 -0.168。其中，化学需氧量排放强度增速略高于全国平均水平

（－0.079），氨氮排放强度增速低于全国平均水平（－0.082）。

基于大气污染物（二氧化硫、氮氧化物）和水污染物（化学需氧量、氨氮）排放强度变化结果，临泽县大气（二氧化硫、氮氧化物）和水污染物（化学需氧量、氨氮）排放强度均呈下降趋势。其中大气污染物（二氧化硫、氮氧化物）排放强度增速均高于全国平均水平，化学需氧量排放强度增速略高于全国平均水平，氨氮排放强度增速低于全国平均水平。综合两类指标计算结果，得到临泽县污染物排放强度变化类别为"高强度"，指标为"变化趋差"。

c）生态质量变化

林草覆盖率变化速率计算公式为

$$E_e = \sqrt[4]{\frac{E_{2015}}{E_{2012}}} - 1$$

式中，E_e 为林草覆盖率年均增速，基准年为 2012 年，E_{2015} 为 2015 年林草覆盖率，E_{2012} 为 2012 年林草覆盖率。

基于统计数据，临泽县整体植被生长状况在 2012—2015 年呈现缓慢上涨趋势，林草覆盖率平均上升速率为 0.028，高于全国平均水平（0.008 7），因此，临泽县生态质量变化类别为"高质量"，指标为"变化趋良"。

根据资源利用效率变化、污染物排放强度变化、生态质量变化三个类别的匹配关系，得到不同类型的资源环境耗损指数。其中，三项指标中两项或三项指标均变差的区域为资源环境加剧型，两项或三项均有所好转的区域为资源环境耗损趋缓型。

临泽县资源利用效率变化类别为"高效率"，指标为"变化趋良"；污染物排放强度变化类别为"高强度"，指标为"变化趋差"；生态质量变化类别为"高质量"，指标为"变化趋良"。综上分析与所述，临泽县为资源环境耗损"趋缓型"。

2）预警等级划分结果

a）预警等级划分原则

在超载类型和资源环境耗损类型划分结果的基础上，对超载类型进行预警等级划分（图 5.8）。将资源环境耗损加剧的超载区域定为红色预警区（极重警），资源环境耗损趋缓的超载区域定为橙色预警区（重警），资源环境耗损加剧的临界超载区域定为黄色预警区（中警），资源环境耗损趋缓的临界超载区域定为蓝色预警区（轻警），不超载的区域定为绿色无警区（无警）。

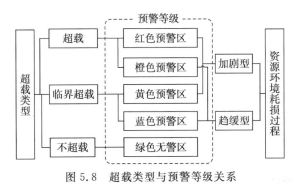

图 5.8　超载类型与预警等级关系

b）预警等级划分结果

根据预警等级划分原则，对临泽县开展预警等级划分，临泽县资源环境承载能力为"橙色预警区"。

四、成因解析与政策预研

1. 成因解析

1)土地资源

根据土地资源评价结果,临泽县土地资源压力小。2010—2014年临泽县土地资源利用效率变化(建设用地)8.3%,各类用地特点和空间分布基本符合规划区自然、生态系统要求、社会需求和经济发展的要求。

2)水资源

a)水资源紧缺与水资源浪费并存

临泽县是主要的商品粮生产基地,灌溉面积不断增长,灌溉用水量大。临泽县农田灌溉主要采用漫灌方式,农业灌溉技术落后,节水设施投入严重不足,造成水资源的极大浪费,再加上人们的节水意识淡薄,水资源紧缺与水资源浪费并存。粗放的农业经济也是造成临泽县万元GDP超标的主要原因,说明GDP是以高耗水、高耗能为代价。此外对于临泽县大力发展戈壁农业,抽取了大量的地下水,暂无相关统计数据。

b)水资源利用率低

临泽县水资源重复利用率及处理回用率低,造成水资源的极大浪费。

3)环境

临泽县环境承载力评价中,大气环境评价指标中可吸入颗粒物(PM_{10})和水环境评价指标中总氮(TN)超标。可吸入颗粒物(PM_{10})超标的主要原因可能与临泽县处于干旱地区,降水量较少、植被覆盖度不高,而且所处的河西走廊比较容易出现沙尘、扬尘天气有关,相关研究也表明河西走廊地区PM_{10}来源相对单一,并且与沙尘、扬尘天气存在显著的正相关关系,沙尘天气对PM_{10}浓度贡献显著,还与风速、湿度等气象条件密切相关。总氮(TN)超标的原因可能是黑河经流区域为大范围的农业区域,长期使用氮肥,特别是含氮量比较高的尿素,经降水或灌溉水下渗汇入黑河干流,导致总氮超标。

4)生态

利用层次分析法,实现了临泽县生态系统承载力及生态弹性力、资源承载力、人类社会影响力三个子系统的评价与等级划分。通过参考大量文献资料,并结合本次研究结果,深入剖析了临泽县的生态变化,并从自然和人文方面对临泽县生态承载现状的根本原因进行分析。

a)与整体环境有关

临泽县内多荒漠、戈壁、沙化土地、盐碱地,森林资源总量不足、分布不均、质量不高,生态系统脆弱,受气候的不稳定影响严重,干旱、风沙、干热风、冰雹等自然灾害频繁发生的特点,使得该地区呈现整体生态环境改善,但局部地区仍存在荒漠化、土壤侵蚀等生态问题的状态。

b)与经济社会发展水平有关

临泽县城镇化水平较低,中心城镇对全县经济发展的集聚和辐射效益不明显。县内煤炭、石灰石等矿产资源储量丰富,但地质勘查程度低,矿山数量多,规模小,开采不规范,设备简陋,技术落后,不仅浪费资源,还造成资源、植被和自然景观的破坏,增加生态环境恢复工作的困难程度。

"十二五"期间,通过加强生态环境调查工作、开展国家级生态县创建工作、开展国家重点生态功能区转移支付工作、积极争取生态环保项目,全县生态环境系统稳定性增强,森林覆盖率、草原覆盖率、城市绿化面积逐年提高。但由于临泽县特殊的地理位置,以及较薄弱的生态意识,尚未形成的高效、节约、可持续型社会经济体系。环保部门监测网络和预警系统建设滞后,环境宣传教育程度和执法力度不够等因素,依然制约着全县经济社会与自然环境持续、稳步和协调发展。

2. 政策预研

1)土地资源

县城土地开发优先选择县城及镇区周边地带及适宜建设开发区域,特别是县城西南方向,其建设开发余地大,而作为不适宜建设区域的南部及北部山区,以及国家政策和其他因素限制发展的区域,如基本农田保护区、生态保护红线区、戈壁荒漠等,不宜作为建设开发的区域。临泽县属于干旱地区,土地资源的开发利用受制于水资源的影响比较大。

2)水资源

a)大力推广农业节水技术的应用

临泽县以农业为主,农业用水占总用水量的87.5%,资源性缺水是制约临泽县国民经济发展的瓶颈,要充分利用天然降水和灌溉用水,利用高效节水技术,提高水资源的"有效性"和"转化效率"。首先改造输水渠道,大规模减少输水损耗,解决防渗问题;其次改革传统的灌溉方式,大力推广科技含量高的滴灌、渗灌、喷灌等新灌溉技术,杜绝大水漫灌浪费水的行为。通过优化集成各项节水措施,提高水资源利用率。

b)利用循环经济理念,科学可持续节水

通过引进先进技术和技术创新,应用节水环保技术,通过污水处理的循环利用节约用水。对城镇污水排放系统,强调对生活污水和生产污水的分类处理,并鼓励家庭使用循环用水系统,减少污水排放,对企业鼓励使用经过处理的工业废水进行再利用,实现水资源的循环再利用,构建节水型地区。

c)建立和完善用水管理制度

按照水资源承载能力、各行业的性质和要求,合理确定各种用水标准,确定水资源的宏观控制指标和微观定额指标,明确各行业、各部门乃至各单位的用水指标,确定产品生产或服务的科学用水定额,通过控制用水指标实现节水,并采取行政与经济手段,保证指标的落实。建立水资源取、供、用、排、回用全过程的用水管理制度体系,强化地下水用水管理制度。

3)环境

a)落实环保政策,加强环境保护

由于PM_{10}超标是所在区域河西走廊整体面临的环境问题,建议临泽县加强落实环境和土地保护政策,禁止过度放牧、乱砍滥伐、毁草开荒等破坏生态环境的现象出现,防止土地荒漠化、盐碱化及草场退化等环境问题。

b)发展生态农业,推广绿色产品

积极发展现代农业,减少化肥,特别是氮肥的使用量,推广应用有机肥、高效低毒低残留农药和可降解农膜,倡导使用生物质农药,降低农药化肥使用强度,推行清洁生产和生态农业,提高农产品的品质和安全性能,大力推广绿色产品,实现农业的可持续发展。

c)农村面源和畜禽养殖污染防治

加大对中小规模养殖场环保设施投入,减少污染物排放。建立专项资金支持畜禽养殖散户规模化和规模化畜禽养殖治理项目,加强畜禽污染治理力度。实施"禁养区""限养区"工程,大力发展"种-养-沼"相结合的生态农业,实施沃土工程,大力推广大中型沼气工程,提高秸秆、畜禽粪便等农业废弃物的综合利用率,减少农业面源和畜禽养殖污染物排放量。

4)生态

a)加强环境保护宣传及环境监管力度

通过多媒体、会议、专题讲座等形式培养群众的环保理念,开展各类以环保为主题的公益活动,加强公众自觉保护环境的意识,减少秸秆焚烧;加大监管力度,完善生态环境监管制度,定期进行环境监管,增强重点企业的监管力度,确保经济活动在生态可承载能力之内。

b)绿色生态空间的保护与重建

绿色生态空间主要考虑林地、草地及湿地三部分,在水源涵养、防风固沙、防止水土流失、调节生态系统中扮演重要角色。

林地的发展以南、北、中三条风沙带为治理重点,以三北防护林、退耕还林、公益林保护等为工作重点,进一步完善防风固沙基干林带;严格管理森林和林木采伐、加强森林火灾防治、健全森林监测系统,减少森林资源浪费、防控有害生物、有效保护森林资源;结合当地的地理条件,建立适宜的林地产业体系;加快景区、城区周边的绿化建设,整体提升该地区的绿化水平。

加强草地资源的管理与保护是实现草原生态系统可持续发展的重要保障,结合草原普查成果,调整畜牧业产业结构、推进草原节水灌溉工程、加大牧草产业的投入、深化草原基本制度、提高草原管理人员的技术水平。

湿地在临泽县扮演着非常重要的角色,湿地生态系统采取保护自然湿地、修复退化湿地的思路,通过设立保护区、修建水利工程、退田还湿、完善设施工程、加大保护区管理力度、适度开发旅游产业的方式,实现湿地资源的合理应用与保护。

第六章 资源环境承载的人口及产业规模分析

一、土地资源约束下的人口和经济承载力

土地资源承载力是指在未来不同时间尺度上，以一定经济、技术和社会发展水平及与此相适应的物质生活水准为依据，一个国家或地区利用自身的（土地）资源所能持续供养的人口数量。首先土地资源承载力所承载的对象最终落在"人口数量"上。这体现了"承载力"的核心本质，即在自然、经济、社会、生态等系统中，人是一切活动的主体。没有人就没有社会经济活动，也没有对资源环境的需求等，也就谈不上承载力的问题。其次，土地资源承载力由不同区域的资源和发展条件及人们的需求水平决定。其中，区域资源和发展条件包括区域的土地资源、经济社会发展、生态环境、基础设施等状况和发展水平。综上所述，临泽县土地资源承载力规模从土地资源人口承载力、土地资源经济承载力两个方面进行核算。

1. 土地资源人口承载力

由中国科学院自然资源综合考察委员会（1986年）提出的土地资源人口承载力的定义是：在一定生产条件下土地资源的生产能力和在一定生活水平下所承载的人口限度。该定义明确了土地资源承载力的四个要素：生产条件、土地生产力、人的生活水平和被承载人口的限度。他们的关系是：承载人口的限度与土地生产力成正比，与人口生活水平成反比，而土地生产力又是由生产条件决定的。

土地资源人口承载力包括两个方面，即城市土地资源人口承载力、耕地人口承载力。城市土地资源人口承载力，主要反映在既定建设用地规模下，适宜的人口容量限度；耕地人口承载力，即在一定生产条件下和一定生活水平下，耕地资源的生产能力所承载的人口限度。

1）城市土地资源人口承载力

《城市用地分类与规划建设用地标准》（GB 50137—2011）给出了规划人均城市建设用地面积指标（平方米/人）。根据《建筑气候区划标准》（GB 50178—1993），临泽县属于Ⅱ类气候分区。人均城市建设用地指城市和县人民政府所在地镇内的城市建设用地面积除以中心城区（镇区）内的常住人口数量（表6.1）。

2016年临泽县城镇建设用地面积为1 146.4公顷，人均城镇建设用地面积为218平方米/人，高于国家人均城市建设用地上限。综合考虑临泽县土地资源现状，临泽县适宜的人均城市建设用地面积为105～115平方米/人。临泽县人口规模普遍较小，并且处于不断外流状态，城镇化处于滞后状态。

根据《临泽县土地利用总体规划（2010—2020年）》土地利用目标，到2020年全县城镇建设用地面积达到6 186.36公顷，则城镇人口规模为53.8～58.9万人。

表 6.1　人均城市建设用地面积指标

气候区	现状人均城市建设用地面积/平方千米	允许采用的规划人均城市建设用地面积/平方千米	允许调整幅度		
			规划人口规模≤20 万人	规划人口规模20～50 万人	规划人口规模>50 万人
Ⅰ、Ⅱ、Ⅵ、Ⅶ	≤65	65～85	>0	>0	>0
	65～75	65～95	0.1～20	0.1～20	0.1～20
	75～85	75～105	0.1～20	0.1～20	0.1～15
	85～95	80～110	0.1～20	−5～20	−5～15
	95～105	90～110	−5～15	−10～15	−10～10
	105～115	95～115	−10～−0.1	−15～−0.1	−20～−0.1
	>115	≤115	<0	<0	<0

2) 耕地人口承载力

2016 年,临泽县耕地面积为 35 237.88 公顷,人均耕地面积为 3.5 亩/人(1 亩=0.067 公顷)。参考甘肃省第二次全国土地调查主要数据成果中甘肃省人均耕地(含可调整地类)面积 3.18 亩,根据未来临泽县人均耕地面积不得低于现状值的要求,确定临泽县人均耕地阈值区间为 3.18～3.5 亩/人。根据《临泽县土地利用总体规划(2010—2020 年)》土地利用目标,到 2020 年临泽县耕地面积稳定在 36 416 公顷以上,得到临泽县基于耕地的人口承载规模为 15.6～17.2 万人。

综合以上临泽县城市土地资源人口承载力和耕地人口承载力,到 2020 年临泽县土地资源最大可承载人口总规模为 69.4～76.1 万人。据统计,2016 年,临泽县年末总人口 15.0 万人,其中,乡村人口 9.6 万人,城镇人口 5.4 万人。对比现状人口规模发现,临泽县土地资源人口承载力还有 54.4～61.1 万人的余量。

2. 土地资源经济承载力

土地资源经济承载力是在一定的经济技术条件和区域区位条件下,区域土地的经济价值产出能力,它从土地资源角度反映了区域的经济规模和增值潜力,通常用单位用地经济效益等指标表示。根据经济承载力特点,结合临泽县经济社会发展实际情况,确定地均 GDP 作为土地资源经济承载力的评价指标。

2015 年,临泽县地区生产总值 50.14 亿元,其中:第一产业增加值 15.43 亿元,比上年增长 5.9%,第二产业增加值 12.56 亿元,比上年增长 6.3%,第三产业增加值 22.15 亿元,比上年增长 9.7%。临泽县单位建设用地生产总值和第二产业、第三产业增加值分别为 56.42 万元/公顷、39.06 万元/公顷。根据《临泽县土地利用总体规划(2010—2020 年)》土地利用目标,到 2020 年临泽县单位建设用地生产总值和第二产业、第三产业增加值分别达到 120.81 万元/公顷、110.65 万元/公顷,全县建设用地总面积达到 7 528.35 公顷,在充分发挥土地资源利用价值的条件下,得到临泽县 2020 年生产总值和第二产业、第三产业增加值分别为 90.95 亿元、83.3 亿元。

二、水资源约束下的人口承载力

水资源承载力是指在一定时期内和特定的技术水平下,在维持自身循环更新和环境质量不被破坏的情况下,当水资源管理得到最大限度的优化时,一个地区的水资源所能承载的具有一定生活质量的人口规模。基于定义构建临泽县水资源约束下的人口承载力模型。

1. 目标函数

水资源约束下的人口承载力计算函数如下

$$max_{\text{People}} = \frac{\lambda \times W_0}{W_P \times 365}$$

式中,max_{People} 为区域水资源约束下的最大人口承载力(万人),W_0 为区域可用于居民生活的水资源量(万立方米),λ 为水资源用水效率,W_P 为区域人均生活用水标准(升/(人·天))。《城市给水工程规划规范》(GB 50282—2016)根据城市性质和人口规模给出了人均综合生活用水量指标(表 6.2)。

表 6.2　人均综合生活用水量指标　　　　单位:升/(人·天)

区域	城市规模			
	特大城市	大城市	中等城市	小城市
一区	300～540	290～530	280～520	240～450
二区	230～400	210～380	190～360	190～350
三区	190～330	180～320	170～310	170～300

2. 约束条件

水资源的约束条件如下

$$W_{\text{生活}} + W_{\text{工业}} + W_{\text{农业}} + W_{\text{生态}} < W_{\text{可利用}}$$
$$W_{\text{生活}} > 0, W_{\text{农业}} > 0, W_{\text{工业}} > 0, W_{\text{生态}} > 0$$

式中,$W_{\text{生活}}$ 为区域生活用水(万立方米),$W_{\text{工业}}$ 为区域工业用水(万立方米),$W_{\text{农业}}$ 为区域农业用水(万立方米),$W_{\text{生态}}$ 为区域生态用水(万立方米),$W_{\text{可利用}}$ 为区域可利用水资源量(万立方米)。

$$W_{\text{工业}} = Q \times I_{\text{工业}}$$
$$W_{\text{农业}} = W_{\text{农田}} + W_{\text{林果}} + W_{\text{草场}} + W_{\text{渔补}} + W_{\text{牲畜}}$$
$$W_{\text{生态}} = W_{\text{河湖}} + W_{\text{绿环}}$$

式中,Q 为工业增加值(万元),$I_{\text{工业}}$ 为万元工业增加值用水量(立方米/万元),$W_{\text{农田}}$、$W_{\text{林果}}$、$W_{\text{草场}}$、$W_{\text{渔补}}$、$W_{\text{牲畜}}$ 分别为农田灌溉、林业果树、草场、渔业和牲畜需水量(万立方米),$W_{\text{河湖}}$ 为河湖补水量(万立方米),$W_{\text{绿环}}$ 为城市大型绿地、环卫用水量(万立方米)。

3. 需水量计算

1)工业需水量预测

依据《临泽县国民经济和社会发展第十三个五年规划纲要》,"十三五"临泽县工业增加值年均增长率10%,2020 年全县工业增加值将达到 14.8 亿元,万元工业增加值用水量控制指标 39 立方米,全县工业需水量 577 万立方米。

2)农业需水量预测

2015 年,全县灌溉面积 110.67 万亩,其中,耕地面积 57.81 万亩,林草地面积 52.86 万亩。

到2020年,全县农田灌溉面积仍控制在现有规模以内,随着节水工程的实施和灌溉水利用系数的提高,预测2020年农业灌溉需水量38 270万立方米。

3)生态需水量预测

规划年生态用水主要考虑林草地等维护绿洲防护林体系用水。预测到2020年生态总需水量6 538万立方米。

4. 水资源约束下的人口承载力

2015年,临泽县用水总量45 703万立方米,其中:地表水39 334万立方米、地下水6 369万立方米,地表水为主要用水水源。从行业用水情况来看,临泽县农业用水量39 997万立方米,工业用水量652万立方米,生活用水量528万立方米,生态用水量4 526万立方米,农业用水量占全县总用水量的比例高达88%,如图6.1所示。

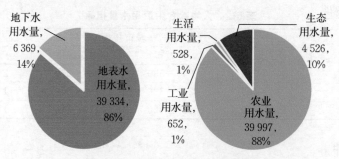

图6.1　临泽县2015年用水现状

经核算,临泽县全县可利用地表水资源总量为4.39亿立方米,依据《临泽县地下水资源及其开发利用规划报告》,地下水允许开采量1.02亿立方米,可利用水资源总量为5.41亿立方米。到2020年,临泽县工业、农业和生态总需水量为4.5亿立方米。综上所述,根据模型的约束条件,临泽县生活需水量最大值为8715万立方米。根据《城市给水工程规划规范》(GB 50282—2016),临泽县属于三区小城市,考虑到临泽县地处水资源较缺乏的西北地区,临泽县人均水资源量1 250立方米,亩均水量511立方米,分别为全国平均水量的57%和29%,依据国际标准,属中度缺水地区。基于以上现状,人均综合生活用水量规模调整为200~300升/(人·天),用水效率为0.2,得到临泽县水资源约束下的人口承载规模为15.9~23.9万人。

根据2015年《临泽县统计年鉴》数据,2015年临泽县全县年末总人口149 332人,水资源人口承载力剩余1.0~8.0万人,临泽县未来发展应关注水资源的合理利用和利用效率的提升。

三、资源、环境约束下的产业规模承载力

在资源有限、环境不断恶化的条件下,通过建立资源、环境为约束条件下的经济效益与环境损失模型,研究并定量分析临泽县产业结构,从而优化产业结构调整。

1. 多目标规划模型

模型的基本框架形式如下所述。

1)经济效益函数

产值的增长反映经济效益的增长,即可以反映经济发展规模,因此,本研究采用产值最大作为优化目标之一。

$$\max E_1 = \max \left(\sum_{i=1}^{n} Q_i \right)$$

式中,E_1 为经济目标函数,Q_i 为区域第 i 行业的产值。

2)环境损失函数

环境损失函数包括生态破坏损失及环境污染损失,环境损失要尽可能最小。

$$\min E_2 = \min (A_1 + A_2)$$

式中,E_2 为环境损失,A_1 为生态破坏损失,A_2 为环境污染损失。

3)约束条件分析

a)经济约束条件

$$\sum_{i=1}^{n} Q_i \geqslant E$$

式中,Q_i 为区域第 i 行业的产值,E 为区域总产值目标。

b)资源约束条件

$$\sum_{i=1}^{n} a_i \cdot Q_i \leqslant R_1$$

式中,R_1 为区域可利用能源总量,a_i 为万元产值标准煤用量。

c)环境约束条件

废水排放量约束为

$$\sum_{i=1}^{n} b_i \cdot Q_i \leqslant R_2$$

式中,R_2 为区域可处理或可容纳废水量,b_i 为万元产值废水排放量。

废气排放量约束为

$$\sum_{i=1}^{n} c_i \cdot Q_i \leqslant R_3$$

式中,R_3 为区域剩余环境容量或总量控制指标,c_i 为万元产值废气排放量。

固体废弃物排放量约束为

$$\sum_{i=1}^{n} d_i \cdot Q_i \leqslant R_4$$

式中,R_4 为区域可处理或可容纳固体废弃物量,d_i 为万元产值固体废弃物排放量。

SO_2 排放量约束为

$$\sum_{i=1}^{n} e_i \cdot Q_i \leqslant R_5$$

式中,R_5 为区域 SO_2 剩余环境容量或总量控制指标,e_i 为万元产值 SO_2 排放量。

2. 模型中的参数

模型数据主要来自《临泽县统计年鉴》《甘肃省统计年鉴》,经统计分析工业总产值、废水、废气和工业固体废弃物排放量、SO_2 排放量、煤炭消耗量等数据,得到约束条件及模型计算指标。

3. 计算结果

1)约束条件

约束指标如表 6.3 所示。

表 6.3 约束指标

项目	2020 年	2030 年
工业总产值 E /亿元	98	220
能耗 R_1 /万吨标准煤	13	5.5
工业废水排放量 R_2 /万吨	120	50
工业废气排放量 R_3 /亿标 m^3	30	15
SO_2 排放量 R_5 /万吨	0.28	0.08

2)模型中的指标

模型中所采用的数据主要来自《临泽县统计年鉴》《甘肃省统计年鉴》,经统计分析得到如表 6.4 所示系数。

表 6.4 临泽县各行业能源消耗系数和污染物排放系数

行业名称	能耗系数 /(吨/万元)	工业废水排放系数 /(吨/万元)	废气排放系数 /(立方米/万元)	SO_2 排放系数 /(吨/万元)
黑色金属矿采选业	0.232 56	2.112 53	3 384.417 53	0.000 26
农副食品加工业	0.064 78	2.188 32	902.901 17	0.000 35
食品制造业	0.091 75	2.867 78	1 190.619 66	0.000 74
酒、饮料和 精制茶制造业	0.092 58	4.208 34	1 310.163 69	0.000 73
化学纤维制造业	0.094 18	5.566 73	3 104.271 10	0.001 08
非金属矿物制品业	0.628 32	0.486 50	22 057.384 23	0.003 58
黑色金属冶炼和 压延加工业	0.976 30	1.207 32	25 581.336 41	0.003 03
金属制品业	0.379 39	0.911 86	1 550.584 51	0.000 32
其他制造业	0.077 07	0.219 22	320.890 77	0.000 04

3)模型计算结果

在满足工业总产值年增速 8.5%,能耗系数年递减 15%,废水和废气排放系数年递减 15%,SO_2 排放系数年递减 20% 的情况下,在工业总产值、资源容量、环境容量等的约束下,2020 年、2030 年临泽县各行业规模如表 6.5 所示。

预计到 2020 年、2030 年,工业总产值分别可达 100.00 亿元和 222.00 亿元,能源消耗分别下降至 12.44 万吨标准煤和 5.43 万吨标准煤,废水排放量分别下降为 119.18 万吨和 47.16 万吨,废弃排放量分别下降为 28.81 亿立方米和 13.31 亿立方米,SO_2 排放量分别下降为 2 766 吨和 659 吨。

表6.5 临泽县资源、环境约束下2020年和2030年行业规模核算

行业	工业总产值/亿元			能耗/万吨标准煤		废水排放/万吨		废气排放/亿立方米		SO₂/吨		
	2015年	2020年	2030年	2020年	2030年	2020年	2030年	2020年	2030年	2015年	2020年	2030年
	未来预期工业总产值年增速8.5%			未来预期能耗系数年递减15%		未来预期废水排放系数年递减15%		未来预期废气排放系数年递减15%		未来预期SO₂排放系数年递减20%		
黑色金属矿采选业	11.00	18.00	40.00	2.30	0.93	20.91	8.45	3.35	1.35	—	—	—
农副食品加工业	33.01	45.00	90.00	1.60	0.58	54.16	19.69	2.23	0.81	—	—	—
食品制造业	2.09	4.00	10.00	0.15	0.09	6.31	2.87	0.26	0.12	—	—	—
酒、饮料和精制茶制造业	5.18	9.00	20.00	0.41	0.19	20.83	8.42	0.65	0.26	—	—	—
化学纤维制造业	1.43	3.00	7.00	0.10	0.07	9.19	3.90	0.51	0.22	—	—	—
非金属矿物制品业	7.11	12.00	30.00	4.15	1.88	3.21	1.46	14.56	6.62	—	—	—
黑色金属冶炼和压延加工业	2.88	5.00	15.00	3.22	1.46	3.32	1.81	7.03	3.84	—	—	—
金属制品业	1.14	2.00	5.00	0.42	0.19	1.00	0.46	0.17	0.08	—	—	—
其他制造业	1.13	2.00	5.00	0.08	0.04	0.24	0.11	0.04	0.02	—	—	—
总计	64.98	100.00	222.00	12.44	5.43	119.18	47.16	28.81	13.31	5484.3	2766	659
约束	>64	>98	>220	<13	<5.5	<120	<50	<30	<15	<5500	<2800	<800

四、资源环境约束下的人口和经济规模集成分析

1. 人口规模集成分析

临泽县土地资源和水资源能支撑全县进一步的开发建设,但需关注水资源的合理利用和利用效率的提升,走生态工业发展之路。基于临泽县土地资源承载能力,临泽县土地资源建设规模承载力为806.3平方千米,占总面积的30%;土地资源最大可承载人口总规模为69.4～76.1万人,还有54.5～61.2万人的余量。基于水资源人口承载能力,临泽县水资源约束下的人口承载规模为15.9～23.9万人,还有1.0～8.0万人的余量。按照短板原理,基于临泽县水土资源承载能力,临泽县可承载的人口规模为15.9～23.9万人。约束临泽县人口承载能力的短板为水资源,提高水资源的利用率可增大人口承载规模。

2. 经济规模集成分析

基于临泽县的土地资源,在充分发挥土地资源利用价值的条件下,得到临泽县2020年生产总值和第二产业、第三产业增加值分别为90.95亿元、83.3亿元。

按照资源、环境约束下的产业规模承载方面,在满足工业总产值年增速8.5%的情况下,实现能耗系数年递减15%,废水和废气排放系数年递减15%,SO_2排放系数年递减20%,到2020年工业生产总值为100亿元。

鉴于临泽县企业总量小、规模小,以小微企业为主;产业层次较低,重点骨干企业主要以资源加工为主,能耗高;产业结构不尽合理,工业企业主要分布于农副食品加工、非金属矿物制品、矿产资源开采等行业;新兴产业发展相对滞后。为达到以上产值和减排目标,临泽县应按照"建立生态工业为主导的经济格局,扶持传统产业改造提升,大力发展新兴产业,培育特色产业和产业链,做大做强循环经济产业"的思路,立足资源优势,初步构建起以绿色食品加工业、通用航空产业、凹凸棒石为主的新材料产业为主导的生态工业体系,打造以农副产品精深加工链、特色矿业链、新能源产业链、种子链和畜禽产业链为代表的特色产业链。

第七章 国土空间开发适宜性评价

一、技术方法

国土空间开发适宜性评价,是利用地理空间基础数据,在核实与补充调查基础上,采用统一方法对临泽县全域空间进行建设开发适宜性评价,确定最适宜开发、较适宜开发、较不适宜开发和最不适宜开发的区域。

临泽县国土空间开发适宜性评价技术路线如图7.1所示。

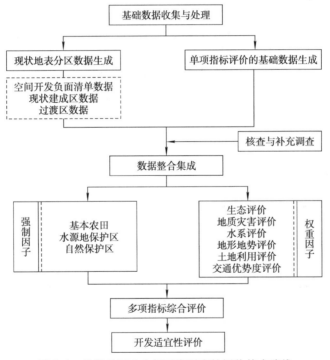

图 7.1 临泽县国土空间开发适宜性评价技术路线

(1)根据临泽县主体功能定位,首先进行基础数据的收集、整理、分析与处理,建立评价底图数据库。

(2)然后分别对强制因子和权重因子进行评价,即单项指标评价,经综合集成后,形成多项指标综合评价结果。

(3)最后结合现状地表实际情况,得出国土空间开发适宜性评价结果。

二、规划现状

临泽县属于张掖市,位于河西走廊中部,在甘肃省主体功能区规划中属于省级重点开发区的典型代表,在省级层面属于六大组团式城市化发展格局中的一部分,空间上参与构建省域"一横两纵六区"为主体的城市化战略格局。临泽县具有《临泽县国民经济和社会发展第十三个五年规划纲要》《临泽县十三五环保规划》《临泽县土地利用总体规划》《临泽县县城总体规划》等主要规划。随着临泽县经济、政治、文化、社会、生态文明建设不断发展,临泽县还存在部分地方特色的产业规划,为构建特色优势产业为支撑的工农业规划,临泽县兴建了沙河农产品加工、新民工业集中区和板桥凹凸棒、扎尔墩滩光电产业园,形成了新能源、新材料等战略性新兴产业为牵引的"一特两新"工业发展体系,建成了国家级玉米种子产业园,并以临泽小枣为主形成了特色农业产业。为规划成为宜居宜游的生态城市,以基础设施建设为先导,不断推动新型城镇化建设,完成了大沙河流域综合治理,扎实推进美丽乡村建设,围绕丹霞国家地质公园和黑河湿地国家级自然保护区,规划了相关的旅游和生态项目。

    分析研究临泽县的主要规划资料可以发现,由于各规划的指导思想、工作目标、空间范畴、技术标准等方面不尽相同,各类规划存在的主要矛盾如下。

1)规划周期不一致

    由于我国规划编制体制的原因,国民经济和社会发展规划、土地利用规划、城市规划、环境保护规划等主要规划之间的规划期限不同,临泽县现行的各类主要规划的规划基准年和规划期限也不尽相同,如表7.1所示。此外,临泽县还存在部分规划无明确期限。

表7.1   临泽县主要规划规划期限

规划名称	规划期限
临泽县"十三五"国民经济和社会发展规划	2016—2020 年
临泽县土地利用总体规划	2010—2020 年
临泽县"十三五"环境保护规划	2016—2020 年
临泽县县城总体规划	2010—2030 年
临泽县矿产资源总体规划	2008—2015 年
临泽县土地整治规划	2011—2015 年

2)规划空间参考不一致

    临泽县的规划因所属部门不同,采用的空间参考也不一致。例如国土部门的土地利用总体规划、土地整治规划等规划采用的是西安1980坐标系,城乡建设部门采用的是城建坐标系,环境部门及林业部门采用的则是北京1954坐标系。临泽县存在部分规划是错误的坐标系或者无坐标系,还有大量规划仅为笼统的文字描述,无精确定位信息。

3)用地分类标准体系不一致

    用地分类标准体系不一致集中体现在土地利用规划和城市规划,这也是我国现行规划普遍面对的问题。主体功能区规划将国土分为优先开发、重点开发、限制开发和禁止开发四大类。国土部门的土地利用总体规划中的土地分类标准采用《县级土地利用总体规划编制规程》,土地性质包含3个大类、8个中类和12个小类。城乡建设部门的县城总体规划用地分类标准采用《城市用地分类与规划建设用地标准》(GB 50137—2011),建设用地性质包含8个大类、32个中类和44个小类。

4)存在规划冲突现象

    由于各类规划的审批、期限等存在差异,经过研究对比分析临泽县各类规划,发现存在主体功能区禁止开发区和土地利用规划禁止建设区范围不一致、临泽县基本农田位于主体功能区禁止开发区内、土地利用规划的禁止建设区与城市规划冲突、基本农田位于丹霞地质公园内、工业规划位于主体功能区限制开发区内、基本农田位于黑河保护区和地质公园范围内、水源保护区与基本农田重叠、部分示意性规划与实地不符等诸多规划冲突矛盾的现象,临泽县部分规划冲突现象如图 7.2 所示,各类规划冲突重叠总面积约 210 平方千米。

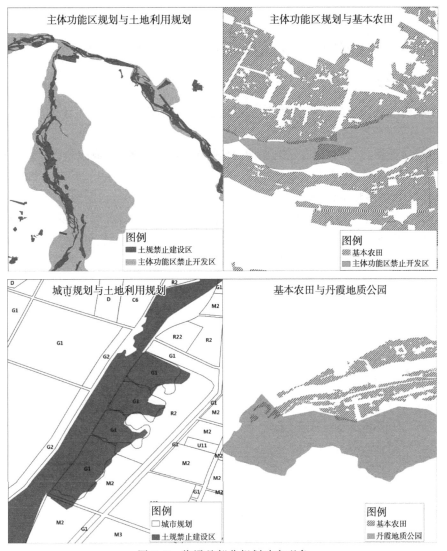

图 7.2　临泽县部分规划冲突现象

三、现状地表分区数据

现状地表分区数据由空间开发负面清单数据、现状建成区数据与过渡区数据整理生成。首先,遴选出空间开发负面清单和现状建成区;其次,将剩余区域作为过渡区,叠加坡度数据,进行三个类型划分,分别为以农业为主的Ⅰ型过渡区、以天然生态为主的Ⅱ型过渡区及以地表破坏较大的露天采掘场等为主的Ⅲ型过渡区。

1. 空间开发负面清单数据

以地理数据为基础,结合基本农田、生态保护红线等各类保护、禁止(限制)开发区界线资料,确定空间开发负面清单类别与范围,形成空间开发负面清单数据。

2. 现状建成区数据

整合各类客观反映现状建设实际情况的数据,生成现状建成区数据。

3. 过渡区数据

去除现状建成区和空间开发负面清单,并结合坡度数据,提取形成过渡区数据。具体内容如下:

Ⅰ型过渡区数据:包括果园、茶园、桑园、橡胶园、苗圃、花圃、其他园地、温室、大棚、场院、晒盐池、房屋建筑区、广场、硬化地表、水工设施、固化池、工业设施、其他构筑物、建筑工地及坡度在 25°及以下的水田和旱地等。

Ⅱ型过渡区数据:包括乔木林、灌木林、乔灌混合林、竹林、疏林、绿化林地、人工幼林、稀疏灌丛、天然草地、人工草地、沙障、堆放物、其他人工堆掘地、盐碱地表、泥土地表、沙质地表、砾石地表、岩石地表,以及坡度大于 25°的水田和旱地等。

Ⅲ型过渡区数据:露天采掘场。

四、单项指标评价

1. 强制因子评价

临泽县国土空间开发适宜性评价的强制因子包括基本农田、水源地、自然保护区三个单因子。

水源地因子包括临泽县一级和二级水源地保护区。

自然保护区包括临泽县湿地、小泉子国家沙漠公园和丹霞国家地质公园。

2. 权重因子评价

1)地形地势评价

地形地势评价包括坡度、地势两个因子,地形地势评价分级标准如表 7.2 所示。

表 7.2　地形地势评价分级标准

因子	适宜	较适宜	中等	较不适宜	不适宜
坡度/(°)	坡度≤5	5~10	10~15	15~25	>25
地势/米	≤1 500	1 500~1 600	1 600~1 700	1 700~1 800	>1 800

根据临泽县数字高程模型(DEM),计算临泽县坡度因子和地势因子。根据表 7.2 中的坡度和地势的分级标准,生成临泽县地形地势评价结果。

从地形地势评价结果来看,不适宜开发面积主要分布在北部、西南部和东南部地区,该部分地区地势较高、坡度较大,不适宜开发建设。适宜开发面积主要分布在临泽县中部地区,坡度较小,地势范围为1 353～1 400米,适合开发建设。

2)水系因子评价

根据临泽县水系分布情况,划定水系30米、80米、150米范围,分别为不适宜、较不适宜、中等适宜,其他区域为适宜区。

3)交通优势度评价

对临泽县全县域交通优势度进行评价。交通优势评价采用交通网络密度和交通干线影响作为评价指标,通过区域基础设施网络发展水平、干线(或通道)支撑能力集成反映。

铁路站和高速出入口影响度:适宜:＜3千米;较适宜,3～6千米;中等适宜,6～10千米;不适宜,＞10千米。

公路影响度:适宜,＜1千米;较适宜,1～3千米;中等适宜,3～5千米;不适宜,＞5千米。

从评价结果来看,临泽县中南部区域交通优势度明显,应加大中部偏北区域的交通基础建设。

4)土地利用评价

根据不同用地类型,划定开发建设适宜程度。

适宜:城镇建设用地;中等适宜:一般农用地;较不适宜:牧业用地、独立工矿区、林业用地、自然保留地;不适宜:基本农田、风景旅游用地、生态环境安全控制区、自然与文化遗产保护区。

5)地质灾害评价

根据临泽县地质灾害防治区,开展临泽县地质灾害评价。评价标准:重点防治区划分为不适宜开发地区,一般防治区划分为中等适宜开发地区,其他区域为适宜开发地区(表7.3)。

表7.3 临泽县地质灾害防治区(一般防治区、重点防治区)

地质灾害防治区	所在地段	范围	地质灾害特征
一般防治区 (B)	东柳-土桥段 (B1)	黑河北岸 板桥镇 公路沿线	本段地质灾害以泥石流为主,共发育有泥石流2条,全部为低易发,威胁人口855人,威胁财产2 120万元
一般防治区 (B)	芦湾-平川段 (B2)	黑河北岸, 平川镇 贾家墩 工程段	本段地质灾害以泥石流为主,共发育有泥石流12条,其中5条为中易发,其余全部为低易发,另发育有滑坡1处,稳定性较差,威胁人口1 905人,威胁财产2 562万元
重点防治区 (A)	新华镇段 (A1)	临泽南部 新华镇	本段地质灾害以泥石流为主,共发育有泥石流8条,全部为中易发,威胁人口1 486人,威胁财产1 825万元
重点防治区 (A)	梨园堡- 倪家营段 (A2)	临泽县南部 倪家营镇	本段地质灾害以泥石流为主,共发育有泥石流13条,其中5条为中易发,其余全部为低易发,另发育有崩塌1处,稳定性较差,威胁人口855人,威胁财产4 738万元
重点防治区 (A)	板凳沟铁矿段 (A3)	板凳沟铁矿 矿带	本段地质灾害为崩塌,共发育有崩塌1处,稳定性较差,威胁人口20人,威胁财产150万元
重点防治区 (A)	东小口子 锰铁矿(A4)	东小口子 锰铁矿矿带	本段地质灾害为崩塌,共发育有崩塌1处,稳定性较差,威胁人口20人,威胁财产160万元

6)生态评价

临泽县生态评价的评价因子包括水土流失、土地荒漠化和盐渍化因子,生态评价由三因子加权叠加生成。

临泽县生态评价结果:生态评价结果为健康度低的区域主要位于临泽县北部地区,总面积为1 370.3平方千米;健康度较低的区域主要分布在临泽县西北、西南地区,总面积为611.7平方千米;健康度中等和健康度高的区域主要分布在中部地区,总面积分别为412.2平方千米和338.3平方千米。

五、多项指标综合评价

1. 评价准则

基于各单项指标评价的分级结果,综合划分多项指标综合评价等级。多项指标综合评价等级按取值由高至低可划分为一级、二级、三级和四级。其中一级表示区域土地适宜开发程度最高,四级表示区域土地适宜开发程度最低。集成评价应遵循的基本准则如下:

(1)等级高值区应具有较好的地形地势条件,即海拔和坡度适宜土地开发。

(2)等级高值区受到自然灾害的制约作用较小,即灾害危险性特征值较低的区域,适宜土地开发。

(3)等级高值区具有良好的交通、区位条件,人均后备可利用土地资源丰富,经济发展水平高,人口聚集程度高。

2. 评价方法

通过单项指标复合分析和集成评价,确定多项指标综合评价值和级别。

3. 评价步骤

第一步:单项指标复合分析。将各单项指标的评价结果进行加权求和分析后,生成复合图,供集成评价使用。其公式为

$$F_{叠加分析} = \sum_{i=0}^{n} \lambda_i \cdot f_i$$

式中,$F_{叠加分析}$为多项指标综合评价值,i为各单项指标,f_i为各单项指标评价值,λ_i为各单项指标权重值,n为单项指标数量。

第二步:集成评价。将第一步评价形成的复合结果最大值进行四等分,划定相应等级。

4. 开发适宜性评价

基于各单项指标及多项指标综合评价结果,结合临泽县现状地表实际情况,划分全域开发适宜性等级,共分为四个等级,一等为最适宜开发,二等为较适宜开发,三等为较不适宜开发,四等为最不适宜开发。开发适宜性评价应遵循的基本准则如下:

(1)土地开发利用难度越大、不可利用数量越多,并且空间分布集中连片,开发适宜性等级越低。

(2)空间开发负面清单所在区域,开发适宜性为最低值区。

(3)已开发形成的现状建成区保留原有评价等级。

将多项指标综合评价结果和现状地表分区按照表 7.3 的参考矩阵进行综合集成,形成的开发适宜性评价等级分为四等,一等为最适宜开发,二等为较适宜开发,三等为较不适宜开发,四等为最不适宜开发。

表 7.3　开发适宜性评价参考矩阵

判别结果		多项指标综合评价结果			
		一级	二级	三级	四级
现状地表分区	空间开发负面清单	四等	四等	四等	四等
	Ⅰ型过渡区	一等	二等	三等	四等
	Ⅱ型过渡区	二等	三等	四等	四等
	Ⅲ型过渡区	一等	三等	四等	四等
	现状建成区	一等	二等	三等	四等

现状地表分区中的空间开发负面清单区域,其开发适宜性评价级别为四等;现状地表分区中的Ⅰ型过渡区(以农业生产为主的区域)和现状建成区,开发适宜性评价级别与多项指标综合评价级别一致;现状地表分区中的Ⅱ型过渡区(以生态功能为主的区域),其开发适宜性评价级别比多项指标综合评价级别低一个等级;现状地表分区中的Ⅲ型过渡区(以地表破坏较大的露天采掘场等为主),对应多项指标综合评价结果为一级的区域,开发适宜性评价等级同样为一等;对应多项指标综合评价结果为二级、三级和四级的区域,开发适宜性评价级别比多项指标综合评价级别低一个等级。

临泽县国土空间开发适宜性评价结果如下:适宜开发土地总面积为 147.6 平方千米,主要分布在临泽县中部和南部少部分地区;较适宜开发土地总面积为 279.9 平方千米,主要分布在临泽县北部和中、南部适宜开发土地附近;较不适宜开发土地总面积为 634.7 平方千米,主要分布在北部和西南部地区;最不适宜开发土地总面积为 1 661.9 平方千米,主要分布在中部和南部地区(表 7.4)。

表 7.4　临泽县国土空间开发适宜性评价结果

开发适宜性分级	面积/平方千米
适宜	147.6
较适宜	279.9
较不适宜	634.7
最不适宜	1 661.9

第八章　三类空间划定研究

三类空间划定是空间规划的核心内容,是临泽县构建生态安全格局,优化国土空间开发,落实国土空间有效管控,提升国土空间治理能力和效率的重要手段。三类空间划定以主体功能区规划为基础,按照资源环境承载能力和国土空间开发适宜性评价结果科学划定。

按照主体功能区战略的要求,在资源环境承载能力与国土空间开发适宜性评价基础上,将全域划分为生态、农业、城镇三类空间。按照区域资源环境承载能力和未来发展方向,根据不同主体功能定位要求,合理确定三类空间的规模和比例结构。生态、农业、城镇三类空间划分结果,可为相关规划的编制提供依据和接口。

一、概　述

1. 划定目的

以形成国土空间开发布局总图为主要目标,为国土空间开发与保护格局的优化调整提供科学依据。

2. 划定原则

科学定位。以主体功能区规划为基础,明确临泽县的主体功能定位,突出临泽区域发展特色,引导国土空间开发有序推进。

生态优先。尊重临泽县的地理特征、资源禀赋等特征,将生态环境保护放在突出位置,将保护作为发展的基本前提,将生态保护红线作为三类空间划定的基础。

底线控制。坚守自然资源供给上限、粮食安全与生态环境安全的基本底线,遵循生态保护红线、永久基本农田保护红线和城镇开发边界的刚性约束,促进形成安全、有序、可持续的空间开发格局。

统筹衔接。在科学评价的基础上,结合临泽县地表客观实际,统筹城镇发展、农业发展和生态保护空间格局,注重与临泽县主体功能区规划、周边区域保护与开发格局的衔接。

清晰界定。三类空间边界应明确划定,避免相互重叠,要可落实、可管理、可监督。

3. 技术路线

在分析判断临泽县所处区域背景和特点、现有发展基础和科学设定评价指标体系的前提下,基于优于 1∶10 000 比例尺基础地理信息数据,根据资源环境承载能力评价和国土空间开发适宜性评价结果,综合集成开展功能适宜性评价,合理划定临泽县全域生态、农业、城镇三类空间(图 8.1)。

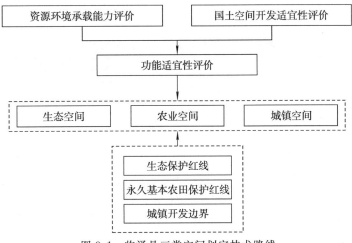

图 8.1　临泽县三类空间划定技术路线

二、功能适宜性评价

功能适宜性评价包括生态功能适宜性评价、农业功能适宜性评价、城镇功能适宜性评价，分别为划定临泽县生态、农业、城镇三类空间提供依据。

1. 生态功能适宜性评价

生态功能适宜性从生态敏感性和生态系统服务功能重要性角度出发，结合区域生态问题，反映临泽县生态空间布局的适宜程度，生态功能适宜性评价结果划分为适宜程度高、适宜程度中、适宜程度低 3 个等级。其评价步骤如下所述。

首先，根据空间适宜性评价的生态评价结果与土地利用评价结果，按照表 8.1 矩阵进行判别，得到生态功能适宜性初步评价结果（一、二、三级）。

表 8.1　生态功能适宜性判别矩阵

判别结果		土地利用评价结果			
		不适宜	较不适宜	中等适宜	适宜
生态功能适宜性评价结果	健康度低	一级	一级	一级	二级
	健康度较低	一级	一级	二级	二级
	健康度中等	一级	二级	二级	三级
	健康度高	一级	二级	三级	三级

其次，结合国土空间开发适宜性评价中的现状地表分区数据，按表 8.2 进行二次判别，得到生态功能适宜性中间评价结果（高、中、低）。

最后，根据资源环境承载能力评价中土地退化、地下水超采、地质灾害等数据，结合现状实际，对中间评价结果进行适当调整，形成生态功能适宜性的最终评价结果（适宜程度高、适宜程度中、适宜程度低 3 个等级，表 8.3）。

生态功能适宜性划分时，应与区域资源环境承载能力协调，通常主体功能区规划中的各级各类禁止开发区域应为生态功能适宜性高等级区,灾害风险度较高的区域,可适当调高生态功能适宜性等级。

表 8.2　生态功能适宜性评价判别矩阵

评价结果		生态功能适宜性初步评价结果		
		一级	二级	三级
现状地表分区	空间开发负面清单	高	高	高
	Ⅰ型过渡区	中	中	低
	Ⅱ型过渡区	高	高	中
	Ⅲ型过渡区	高	中	低
	现状建成区	低	低	低

表 8.3　生态功能适宜性评价结果

生态功能适宜性评价	面积/平方千米	比例/%
低	502.0	18.4
中	224.1	8.2
高	2 002.9	73.4

根据评价,全区生态功能适宜性分为三个等级,等级越高,说明该区域越倾向于生态保护;等级越低,则发展受限程度越小,越利于开发建设。

生态功能适宜性程度高的区域,主要分布在县域北部、南部地区,以及中部少部分地区,面积为 2 002.9 平方千米,约占总面积的 73.4%。

生态功能适宜性程度中的区域,主要分布在生态功能适宜性程度高与适宜性程度低的过渡地区,以及县域中部部分地区,面积为 224.1 平方千米,约占总面积的 8.2%。

其余地区为生态功能适宜性程度低的区域,主要分布在县域中南部地区,面积为 502.0 平方千米,约占总面积的 18.4%。

2. 农业功能适宜性评价

农业功能适宜性从农业资源数量、质量及组合匹配特点的角度,反映国土空间中进行农业布局的适宜性程度,农业功能适宜性评价结果划分为适宜程度高、适宜程度中、适宜程度低 3 个等级。其评价步骤如下所述。

首先,将国土空间开发适宜性评价中的土地利用评价结果与水资源评价结果按照表 8.4 进行判别,得到农业功能适宜性初步评价结果(一、二、三级)。

其次,结合国土空间开发适宜性评价中的现状地表分区数据,按表 8.5 进行二次判别,得到农业功能适宜性评价结果(适宜程度高、适宜程度中、适宜程度低 3 个等级)。

表 8.4　农业功能适宜性判别矩阵

判别结果		水资源评价结果			
		不适宜	较不适宜	中等适宜	适宜
土地利用评价结果	不适宜	一级	一级	一级	二级
	较不适宜	一级	一级	二级	二级
	中等适宜	一级	二级	二级	三级
	适宜	一级	二级	三级	三级

表 8.5 农业功能适宜性评价判别矩阵

评价结果		农业功能适宜性判别结果		
		一级	二级	三级
现状地表分区	基本农田保护区	高	高	高
	空间开发负面清单	低	低	低
	Ⅰ型过渡区	高	高	中
	Ⅱ型过渡区	高	中	低
	Ⅲ型过渡区	低	低	低
	现状建成区	低	低	低

最后,在进行农业功能适宜性评价时,应与高程和坡度相协调。例如在海拔 2 000 米以下的地区,适宜农业开发的坡度一般为 15°(最大值不应超过 25°)以下;在海拔 3 000 米以上的地区,适宜农业开发的坡度一般为 8°以下。

根据评价,全区农业功能适宜性分为三个等级,等级越高,说明该区域越适宜进行农业生产建设;等级越低,则发展受限程度越大,越适宜进行城镇开发建设或者倾向于保护(表 8.6)。

表 8.6 农业功能适宜性评价结果

农业功能适宜性评价	面积/平方千米	比例/%
低	2 158.0	79.09
中	143.7	5.26
高	427.3	15.65

农业功能适宜性程度高的区域,主要分布在中部及南部一小部分地区,面积为 427.3 平方千米,约占总面积的 15.65%。

农业功能适宜性程度中的区域,主要分布在农业功能适宜性评价为高和适宜性评价为低的过渡地区,以及中部零星分布的地区,面积为 143.7 平方千米,约占总面积的 5.26%。

农业功能适宜性程度低的区域,主要分布在北部大部分地区和南部一小部分地区,少数零星分布在中部偏南地区,面积为 2 158.0 平方千米,约占总面积的 79.09%。

3. 城镇功能适宜性评价

城镇功能适宜性从资源环境、承载能力、战略区位、交通、工业化和城镇化发展等角度,反映国土空间中进行城镇布局的适宜程度。城镇功能适宜性评价结果划分为适宜程度高、适宜程度中、适宜程度低 3 个等级。其评价步骤如下所述。

首先,将国土空间开发适宜性评价结果为最不适宜开发(四等)的空间单元确定为城镇功能适宜性低等级区,这些区域不再纳入以下评价步骤。

其次,将国土空间开发适宜性评价结果为最适宜开发(一等)、较适宜开发(二等)的空间单元,初步确定为城镇功能适宜性高等级区。

最后,将其他空间单元,确定为城镇功能适宜性中等级区(表 8.7)。

表 8.7 城镇功能适宜性评价判别矩阵

判别结果	国土空间开发适宜性评价结果			
城镇功能适宜性评价结果	最适宜开发（一等）	较适宜开发（二等）	较不适宜开发（三等）	最不适宜开发（四等）
	高	高	中	低

根据评价,全县城镇功能适宜性分为三个等级,等级越高,说明该区域越适宜进行城镇开发建设;等级越低,则发展受限程度越大,越倾向于保护(表8.8)。

表 8.8　城镇功能适宜性评价结果

城镇功能适宜性评价	面积/平方千米	比例/%
低	2 299.6	84.3
中	279.8	10.3
高	149.6	5.4

城镇功能适宜性程度高的区域,主要零星分布在南部地区,面积为149.6平方千米,约占总面积的5.4%。

城镇功能适宜性程度中的区域,主要分布在城镇功能适宜性评价为高与适宜性评价为低的过渡地区,面积为279.8平方千米,约占总面积的10.3%。

城镇功能适宜程度低的区域,主要分布在北部地区和西部地区等区域,面积为2 299.6平方千米,约占总面积的84.3%。

三、三条界线

三类空间的划定流程中,生态、农业和城镇功能适宜性评价要结合永久基本农田保护红线、生态保护红线和城市开发边界三条界线划定三类空间。由于临泽县生态保护红线尚未完全确定,按《临泽县生态环境保护规划》《国家生态保护红线——生态功能基线划定技术指南(试行)》等文件划定了临泽县生态保护红线,后以官方发布的为准;临泽县城市规模较小,无官方正式发布的城市开发边界,根据临泽县的城市建设现状和城市规划划定了临泽县的城市开发边界。

四、三类空间划定

1. 三类空间初划

综合集成上述功能适宜性评价结果,初划临泽县三类空间。

第一步:划定三类功能的 I 类适宜区。将生态保护红线以内区域划定为生态适宜区(E_I);天然草原、退耕还林还草区等空间单元,原则上划入生态适宜区(E_I);将基本农田保护区域划入农业适宜区(A_I);将城镇开发边界以内区域划定为城镇适宜区(U_I)。

第二步:根据三类功能适宜性评价高值区划定三类功能的 II 类适宜区。针对第一步中未划定的区域,对于城镇功能、农业功能和生态功能评价结果仅有一项适宜性为高的区域,划分为该种类型的 II 类适宜区(U_{II}、A_{II}、E_{II});对于生态功能适宜性高且城镇或农业功能适宜性也为高的区域,一般可按照生态保护优先原则,划定为 II 类生态适宜区(E_{II});对于城镇功能适宜性高、农业功能适宜性高,并且生态功能适宜性为中或低的区域,一般可按照粮食安全保障原则,优先划分为 II 类农业适宜区(A_{II}),局部地区也可按照城镇发展集中制原则,划为 II 类城镇适宜区(U_{II})。

第三步:根据三类功能适宜性评价中值区和低值区划定三类功能的Ⅲ类适宜区。在第一步和第二步中未划定的区域,对于城镇功能、农业功能和生态功能评价结果仅有一项适宜性为中的区域,划分为该种类型的Ⅲ类适宜区($U_Ⅲ$、$A_Ⅲ$、$E_Ⅲ$);对于功能适宜性评价结果有两项或三项适宜性为中的区域,按照贯彻主体功能定位原则,划定为与其主体功能定位相一致的功能类型;对于功能适宜性评价结果有两项适宜性为中,但与其主体功能定位对应的功能类型适宜性为低的区域,一般可按照农业—城镇—生态的优先级次序进行确定,也可以按照三类功能类型的空间集中原则进行确定;对于功能适宜性均为低的区域,一般可划定为Ⅲ类生态适宜区($E_Ⅲ$)。

第四步:三类功能适宜区初步集成。综合前三步,取全部城镇适宜区 $U_Ⅰ \cup U_Ⅱ \cup U_Ⅲ$ 为城镇空间;取全部农业适宜区 $A_Ⅰ \cup A_Ⅱ \cup A_Ⅲ$ 为农业空间;取全部生态适宜区 $E_Ⅰ \cup E_Ⅱ \cup E_Ⅲ$ 为生态空间。

第五步:对照遥感影像,人机交互,修改完善。根据第四步所形成的三类空间结果,对照遥感影像,人机交互,对三类空间进行进一步的修改完善。

2. 二类空间确定

结合临泽县土地利用现状和生态状况,进一步调整三类空间初划结果,原则上可在初划结果基础上上下浮动3%～8%,保证各功能空间无缝衔接,并且不重叠。

依据临泽县主体功能定位,对三类空间进行反复校验与修正,主要包括两个方面:一是对临泽县三类空间初划中空间类型不明确的区域进行校验,根据地表实际情况及发展需求等,调整并确定其空间类型;二是对三类空间内地块归属的合理性、三类空间界线的合理性,进行校验与确认,划定本县三类空间边界,明确三类空间比例。

3. 三类空间划定成果

应用资源环境承载能力评价和国土空间开发适宜性评价各单项指标评价结果,依据《三区三线划定技术规程》,从生态功能、农业功能和城镇功能三个角度,分别对临泽县全域进行适宜程度评价,评价结果均划分为高、中、低3个等级。通过不同适宜程度功能区遴选,划定生态、农业、城镇三类空间,再经过人机交互,对图斑和边界进行逐一核查修改,形成三类空间初步划定成果,详细内容如表8.9所示。

表8.9 临泽县主体功能定位及三类空间面积比例

三类空间	面积 平方千米	比例/%	比例/% (除荒漠戈壁外)
生态空间	2 154.3	78.98	46.67
农业空间	539.1	19.72	50.04
城镇空间	35.4	1.30	3.29

临泽县生态空间划定为2 154.3平方千米,占全区总面积的78.98%。主要分布在北部、东部地区,南部一小部分地区,以及零星分布在中部地区。

临泽县农业空间划定为539.1平方千米,占全区总面积的19.72%。主要分布在中南部地区。

临泽县城镇空间划定为35.4平方千米,占全区总面积的1.30%。主要零星分布在中部地区,以及南部极少数地区。

　　临泽县存在大面积的荒漠戈壁,除去东北部、东部和西部总计约 1 651.4 平方千米作为生态空间的荒漠戈壁区域,仅将临泽县浓缩在人口聚集和经济活跃的走廊地带,那么临泽县城镇空间比例可达 3.29%,农业空间为 50.04%,约为一半,生态空间为 46.67%。

　　第六章中土地资源约束下临泽县适宜的人均城市建设用地面积为 105~115 平方米/人,城镇面积为 35.4 平方千米。城镇人口承载能力为 30.8~33.7 万人,比之前城镇人口规模为 53.8~58.9 万人少 23~25.7 万人。第三章中临泽县基于耕地的人口承载规模为 15.6~17.2 万人。按照土地资源约束下总人口为城市承载人口规模和耕地承载人口之和,则为 46.4~50.9 万人。

第九章 资源合理利用及生态保护策略

一、水环境保护

1. 加强饮水水源地保护

划定保护区范围，制作保护标识。按照水源地保护区划分结果，实地划定保护区范围，分别按保护区界限范围，埋设界桩，设置防护栏、防护网，制作标识牌、警告牌，提示人们加强防护，按划定的保护范围做好水源地保护工作。全面取缔水源地保护区内违法建设项目，优先取缔水源保护区及上游发展新建、改建、扩建造纸、化工、食品、酿造、纺织、发酵等高水污染排放行业和矿山开采、金属冶炼加工、有色冶金、印染、皮革、医药、农药、饲料、电镀、电池等涉及有毒有害污染物排放的行业。禁止在水源地周边及流域上游沿岸 5 千米范围内新建、扩建、改建畜禽养殖场。要求富民养殖小区、沙河循环产业园区、南沙窝生态经济产业园等临近地下水源地布局的工业、企业必须设置配套相应的污水处理设备，保证处理后污水水质满足相应的回用标准后尽量回用，外排污水应按照企业环境影响评价要求远离临泽县地下水水源保护区、径流补给区等环境敏感区，避免对临泽县城区、乡镇饮用水源地造成污染。

2. 推进地下水污染防治工作

开展地下水污染状况调查，实施重点场地地下水污染防治，逐步构建地下水污染防治管理体系。逐步完善地下水保护措施，构建地下水污染防治工程。强化地下水污染监测，定期开展必要的地下水水质监测。突出地下水污染预警，构建相应的预警应急机制。加强地下水污染监管，做好地下水污染防治工作。

3. 强化环境管理

严格控制污染，落实水源地保护区监管责任，强化监管措施，加强对水源地保护区内污染源监管和整治力度，严禁破坏水环境及对水源地保护产生危害的活动。加大重点流域、区域污染整治。按照水环境功能区水质要求，严格核定排污单位的排放总量，严格实施排污许可证制度，严禁无证或超标排放。以小流域治理为重点，通过实施城镇环保基础设施建设、工业污染源和农村面源污染防治、生态公益林建设及水土流失治理等工程，加强区域水污染防治和生态建设。所有新建项目必须执行环境影响评价法和"三同时"制度，新入驻工业园区及流沙河、黑河流域（临泽段）沿岸企业，必须配套建设污染治理设施。所有未全面达标的工业企业均限期治理，在规定时限完成治理任务。

4. 加强水质监测

加强水质监测，确保饮用水安全。对饮用水水源地水质实行定时监测，及时掌握水质变化情况,制定饮用水水源保护区环境污染事故应急救援预案,一旦发生饮用水水源环境污染事故,及时按照预案进行处置。

二、水资源利用

1. 大力推广农业节水技术的应用

资源性缺水是制约临泽县国民经济发展的瓶颈,要充分利用天然降水和灌溉用水,利用高效节水技术,提高水资源的"有效性"和"转化效率"。首先改造输水渠道,大规模减少输水损耗,解决防渗问题;其次改革传统的灌溉方式,大力推广科技含量高的滴灌、渗灌、喷灌等新灌溉技术,杜绝大水漫灌浪费水的行为。通过优化集成各项节水措施,提高水资源利用率。

2. 加强水资源保障体系建设

做好黑河、流沙河流域综合治理工程、城市水源地保护区隔离工程及城市地下水动态监测及安全信息管理系统建设,以流沙河流域综合治理工程为契机,加快污水处理工程建设进度,争取早日投产使用。不断完善水利建设与水能开发等水利基础设施建设,增强水资源的供给保障能力。在发展小水电时,必须从防洪防灾和生态环境保护等方面综合考虑小水电的经济效益和生态效益。建立水资源的统一管理新体制,理顺部门之间统一管理和区域管理之间的水资源管理关系,建立完善政府对水资源的调配制度,实施水量统一调度,保障区域内水资源的可持续利用。

3. 加大宣传力度

加强水资源保护宣传力度,引导公众参与保护。通过建立信息发布等制度,强化公众监督,形成全县共同参与保护饮用水安全的氛围。居民是用水主体,加强节约用水的宣传和教育,开展节约用水的正面引导,是提高全民节约用水意识的重要基础。生活用水以节水器具型节水和强化管理型节水并重,全面推行节水型用水器具,尤其是在公共市政用水和居民生活用水量大的洗涤、冲厕和淋浴方面重点采取节水措施,提高节水效率。加快供水管网技术改造,降低跑冒滴漏损失,全面提高居民节水意识。

三、大气污染防治

1. 大力开展清洁生产

建立和完善清洁生产项目库,积极发展物耗能耗低、污染物排放量小、经济效益好的项目。逐步转换能源结构,使用天然气等清洁能源,降低煤炭使用率,加快重点小城镇的集中供热、供气(含燃气、液化石油气等)建设任务,提高县城集中供热率;增加水电和外来电的结构比重;大力开发可再生能源和新能源,提高终端设备用能效率;工业炉窑优先考虑使用清洁燃烧技术,严格执行国家产业政策,强制淘汰一批国家明令禁止的落后工艺、设备和技术。积极开展生态工业示范园、环境友好工程、环境友好企业创建活动。大力推行企业清洁生产,积极推进 ISO

14000 环境管理体系认证工作,使资源利用方式从粗放型向集约型转变。

2. 实施二氧化硫排放总量控制

实施二氧化硫排放总量控制,根据规划区内环境质量现状和环境容量,确定总量控制目标,针对行业控制,采取更严格的控制措施。开展其他工业行业的二氧化硫排放控制,新增脱硫除尘设施,推进非电力重点行业的二氧化硫排放控制。

3. 逐步开展氮氧化物排放总量控制

加强氮氧化物污染防治,电力行业全面推行低氮燃烧技术,新建机组安装高效烟气脱硝设施,现役机组应加快烟气脱硝设施建设,强化已建脱硝设施的运行管理;机动车提高新车准入门槛,加大在用车淘汰力度,重点地区供应国四油品;冶金、水泥行业及燃煤锅炉推行低氮燃烧技术或烟气脱硝示范工程建设,其他工业行业加快氮氧化物控制技术的研发和产业化进程。

4. 提高污染治理与监管水平

加强现有工业企业技术改造力度,建立重点工业污染源清洁生产审核制度,提高工业污染企业环境管理水平,实行工业污染源生产全过程控制。加强规划环境影响评价,制定实施城镇环境综合整治规划,加大对县城环境空气质量目标管理与考核。

对不符合国家烟尘、二氧化硫排放标准的工业锅炉、民用锅炉要限期治理;对污染物超标排放,或超总量排放,或排放有毒有害物质的企业实行强制性清洁生产审核。按照国家产业政策,禁止新(扩)建钢铁、冶金等高耗能企业。全面加强城市扬尘的污染监测,深化大气颗粒物污染控制。建筑工地实行封闭施工、封闭运输和封闭堆放,施工工地地面定时洒水、防止扬尘,施工车辆出入施工现场必须采取措施防止泥土带出现场,控制城市建筑工地和道路运输的扬尘污染。

四、固体废弃物污染防治

1. 强化垃圾分类回收与资源化利用

在全县建成满足城乡社会经济发展需要的生活垃圾集中收集、储运、处理设施,力争尽快建起垃圾分类收集转运站,逐步实现户分类、村收集、乡转运、县处理的方式,提高垃圾无害化处理水平和再生资源回收利用率。大力推行垃圾分类收集体系,全面推进生活垃圾分类收集,建立健全县域垃圾回收利用网络体系建设,强化垃圾资源化回收利用工作力度,努力提高垃圾处理利用率。

2. 加强建筑与工业垃圾管理

启动建筑垃圾的严格管理,制定出台建筑垃圾管理规定,规范管理,杜绝杂乱堆弃问题,充分利用建筑垃圾可回收利用性,科学调配用于后建工程项目,形成延续利用流程。着手调查工业垃圾种类、数量、筹组处理设施,选取有效处理技术。

3. 鼓励工业固体废弃物综合利用

积极发展无渣、少渣工艺,从源头减少工业固体废弃物的产生量。大力开发工业废弃物综合利用技术,进一步提高综合利用水平。建设完善工业固体废弃物处置体系,实现工业固体废弃物收集、运输、贮存、处置的全过程管理。

4. 重视危险固体废弃物安全处置

加强医疗废弃物、化学废弃物等有毒有害物品全过程监测、监控和管理,实行专业收集、专线清运和集中处置。

五、矿山生态环境恢复与治理

1. 强化矿区"三废"的治理

加强矿山的监督管理和环境监测工作,矿山废渣、废石和矿石的堆放要符合环境影响评价设计规定和治理要求,防止扬尘起沙和煤堆自燃,矿山废水、废渣和废气的排放要达到国家标准。依靠科技进步,合理对矿业的"三废"进行综合治理、综合利用,保护好矿山环境。

2. 严格落实矿区土地复垦

严格执行闭坑矿山报告审批制度,停办或者闭坑矿山要按期开展复垦工作,完成矿山生态环境恢复治理。对于历史遗留的闭坑和关闭矿山地质环境治理问题,要利用多渠道投资进行土地复垦和生态环境恢复。

六、农村环境治理

1. 农村面源和畜禽养殖污染防治

加大对中小规模养殖场环保设施投入,减少污染物排放。建立专项资金支持畜禽养殖散户规模化和规模化畜禽养殖治理项目,加强畜禽污染治理力度。实施"禁养区""限养区"工程,大力发展"种-养-沼"相结合的生态农业,实施沃土工程,推广应用有机肥、高效低毒低残留农药和可降解农膜,倡导使用生物质农药,降低农药化肥使用强度;大力推广大中型沼气工程,提高秸秆、禽畜粪便等农业废弃物的综合利用率,减少农业面源和畜禽养殖污染物排放量。

2. 完善农村基础设施建设

不断创新投入机制,整合支农项目资源,加大农田水利、安全饮水、村镇绿化、污水、垃圾集中处理、乡村道路改造、新能源开发、电力通信等基础设施建设力度,不断夯实农业发展基础,改善农村人居环境和农民生活条件。

3. 新农村绿化美化

围绕涉及临泽县 7 个镇、71 个行政村建成区及周边实行村镇绿化工程,围绕社会主义新农村建设,结合农村居民点布局特点,以村镇周围、村内道路两侧和农户房前屋后及庭院为重点,进行立体式绿化、美化,建设生态经济型小康村,改善农村居民的生活环境,提高生活质量。

七、生态环境保护

1. 全面落实湿地水土保持工作

通过实施水土保持工程和治理措施,建立起比较完善的水土流失预防监测和保护体系,确保国民经济和社会可持续发展。通过对水土流失的治理,抑制生态环境恶化趋势,减轻自然灾害发生程度,促进自然资源的合理开发和科学利用,实行全县自然生态系统良性循环。

强化黑河、流沙河流域水利侵蚀区治理,选用耐水、抗冲淘的河柳、沙棘等灌木进行防风固沙,有效保护耕地,防止水土流失。在流沙河及明水河、红柳河、穿心河、阳台河、红艿河、新华小东沟、沙河梁家沟等季节性河流两岸规划绿化防护林带和防洪工程,恢复植被,治理水土流失。

2. 加大生态林建设力度

推进流沙河上游水源涵养林建设,重点围绕强化水源涵养林建设,加大适合本地气候、水土的河柳、白杨、榆树、沙枣等乔灌木树种的种植扩绿面积,在河湾、坡地营造红柳、梭梭、沙棘等灌木,充分用足、用活林权改革的政策,将山坡、河湾、山间洼地分包给植树大户、种草农民、林业开发商,采取"谁种植、谁管护、谁受益"的政策,强化流沙河上游小水电项目管理,严格控制小水电的再开发,对已建成的小水电项目加大项目区周边植树、种草等涵养水源建设力度。加大流沙河中游林果示范园建设力度,建设特色林果示范区,逐步拓展到特色林果示范区种植面积,采取政府引导、政策扶持、技术支持、大户带动等有效措施,引导农户积极发展葡萄、红枣、梨、杏、核桃等特色经济产业,从而促进流沙河中游水源涵养林建设。

八、加强环境监管

1. 强化污染源监督管理

实施长效管理,确保工业污染源稳定达标排放,各重点污染源配置在线监测装置,加大设施运行的督查力度和频次,进一步建立和完善重点污染企业设施自动监控系统,初步形成重点污染源和高危排污口动态监测监控网络。继续实施排污总量控制,按照污染物排放总量削减目标,严格控制排污总量。强化排污收费和环保行政执法监督工作,以经济杠杆为手段,促进企业污染治理。开展环境审计,加大对违法排污企业的清理整顿力度,加大主要污染源和风险源的监控力度。建立企业环保监督员制度,引进守法企业激励机制,定期向社会公布重点污染源排放总量和达标情况,强化企业环境信息公开,加强舆论监督和群众监督。

2. 建立完善环境突发事件应急体系

建立集中式环境污染应急预案和安全保障体系,并将环境安全预警制度和应急预案列入各级政府应急预案体系,对威胁环境安全的重点排污企业逐一建立应急预案,建设备用水源地和制定备用水源方案,形成环境污染来源预警、环境安全预警二位一体的环境安全保障体系。加强信息平台构建,建立突发环境事件处置情况通报制度,推进应急管理工作的规范化。加强污染事故防范和应急工作,建立和完善全市环境应急预案。重点污染企业必须制定环境污染事故应急预案,开展突发环境事件应急演练。

第十章 结论与展望

一、临泽县生态系统脆弱、环境质量一般、资源利用粗放

从生态环境的角度来说，临泽县北部地区生态环境较为脆弱，土壤荒漠化严重，需要加大保护力度；中部和南部地区具有一定的生态环境承载能力，但也需要加强管理。环境质量方面，临泽县处于干旱半干旱区域，环境质量一般，可吸入颗粒物（PM$_{10}$）年平均值以超过《环境空气质量标准》（GB 3095—2012）二级标准为限值；五年总氮年均浓度值虽有下降趋势，但均超过地表水环境质量Ⅲ类标准限值（1毫米/升），水环境质量有待提升。同时，临泽县水资源利用粗放，农业生产方式较为落后，导致耗水量较大。此外，由于临泽县本身地处西北干旱地区，水资源本底值较低，这也是水资源匮乏的一个重要原因，面临着资源性缺水和结构性缺水的问题。

二、临泽县资源环境承载能力处于超载，资源环境耗损"趋缓型"，预警等级为"橙色预警区"

基于《资源环境承载能力监测预警技术方法（试行）》对临泽县资源环境承载能力进行评价，临泽县资源环境承载能力为"超载"，预警等级划分为"橙色预警区"。其中，临泽县土地资源"压力小"，各类用地特点和空间分布基本符合规划区自然和生态系统要求、社会需求和经济发展的要求；由于用水总量超过控制指标，水资源"超载"；环境空气中大气 PM$_{10}$ 和黑河 TN 超标，环境污染物为"超标状态"；城市化地区大气和水环境"不超载"。资源环境耗损"趋缓型"，说明近年来临泽县总体环境质量呈现逐步的改善趋势。

三、临泽县水土资源能够承载的人口规模为 15.9～23.9 万人，建立生态工业为主导的经济格局

临泽县土地资源和水资源能支撑全县进一步的开发建设，但需关注水资源的合理利用和利用效率的提升，走生态工业发展之路。土地资源承载力方面，临泽县土地资源建设规模承载力为806.3平方千米，占总面积的30%；土地资源最大可承载人口总规模为69.4～76.1万人，还有54.5～61.2万人的余量；充分发挥土地资源利用价值的条件下，土地资源经济承载力转化为生产总值和第二产业、第三产业增加值分别为90.95亿元、83.3亿元。水资源人口承载力方面，临泽县水资源约束下的人口承载规模为15.9～23.9万人，还有1.0～8.0万人的余量。基于短板原则，水土资源能够承载的人口规模为15.9～23.9万人。

资源、环境约束下的产业规模承载方面，在满足工业总产值年增速8.5%的情况下，实现能耗系数年递减15%，废水和废气排放系数年递减15%，二氧化硫排放系数年递减20%。为

达到以上产值和减排目标,临泽县应按照"建立生态工业为主导的经济格局,扶持传统产业改造提升,大力发展新兴产业,培育特色产业和产业链,做大做强循环经济产业"的思路,立足资源优势,初步构建起以绿色食品加工业、通用航空产业、凹凸棒石为主的新材料产业为主导的生态工业体系,打造以农副产品精深加工链、特色矿业链、新能源产业链、种子链和畜禽产业链为代表的特色产业链。

四、临泽县三类空间中,生态空间占比超过 3/4,城镇空间比较小,未来城市发展将形成"一轴一带两区"格局

应用资源环境承载能力评价和国土空间开发适宜性评价各单项指标评价结果,划定生态、农业、城镇三类空间。临泽县生态空间划定为 2 176.3 平方千米,占全区总面积的 79.7%;农业空间划定为 364.0 平方千米,占全区总面积的 13.3%;城镇空间划定为 189.4 平方千米,占全区总面积的 6.9%。根据县域自然生态环境本底和现状用地特征,建议临泽县城镇发展方向:临泽县未来城市发展将形成"一轴一带两区"发展格局,"一轴"为沿 312 国道发展轴,"一带"为沿大沙河发展带。其中沿大沙河发展带是主要发展方向,形成两大功能片区,作为承载城镇职能的主体空间。

五、临泽县未来应逐步提升资源环境承载能力,集约资源利用,强化环境整治,注重生态保护,促进产业转型,优化空间布局

针对前面提到的资源环境问题,建议采取以下措施:集约资源利用,改变生产结构和农业生产方式,提升居民节水意识,减少水资源消耗量,提高水资源的利用率;强化环境整治,加强水污染的治理工作和农村畜禽养殖的管理防治,减少农业面源污染,积极发展现代农业,建议减少化肥和农药使用量,推广应用有机肥;促进产业转型,逐步转换能源结构,使用天然气等清洁能源;注重生态保护,强化水源涵养林建设和湿地保护,种植适合当地条件的树种,保护生态脆弱地区。

迭部县篇

第十一章　资源环境承载能力监测预警分析

一、基础评价

1. 土地资源评价

1）土地资源概况

迭部县位于甘肃省东南部,属秦巴山地、青藏高原和黄土高原的交汇地带,同时也是中国大陆二级阶梯向三级阶梯过渡地带,境内峰峦起伏,沟壑纵横,长江二级支流白龙江自西向东从中部穿过。总体地势以白龙江为轴线,呈南、北两侧高中间低的河谷地貌形态。全县土地总面积 5 108.00 平方千米,其中天然草地面积 1 568.53 平方千米,约占土地总面积的 30.7%;林地面积 3 007.00 平方千米,森林覆盖率高达 60%。

2）土地资源评价

土地资源评价主要表征区域土地资源条件对人口聚集、工业化和城镇化发展的支撑能力。影响区域土地资源评价的因素多样复杂,并且要素之间相互作用,选用土地资源压力指数作为评价指标,该指数由现状建设开发程度与适宜建设开发程度的偏离程度来反映。

a）总体思路

综合考虑对土地开发建设影响显著的因子,运用分布式算法测算适宜建设用地规模及分布,确定土地合理开发强度及分布区域,通过分析现有开发状态与合理开发状态之间的差异评价区域承载状态。以建设用地资源配置及政策制度引导为切入点,统筹国土空间合理配置。

b）技术方法

迭部县土地资源评价流程如图 11.1 所示。

——要素筛选。

从粮食安全、生态安全、国土安全三个维度出发,筛选农业用地、生态用地、地质灾害、地形限制等显著影响土地建设开发的构成要素,根据影响程度对要素进行评价分级。

结合迭部县实际情况及数据收集情况,选取永久基本农田、生态保护红线、难以利用土地、天然草地、林地、一般农用地、坡度和突发地质灾害八种影响土地建设开发的构成要素。

根据所选要素对土地建设开发的限制程度,将要素分为强限制因子与较强限制因子两类。迭部县的要素分级为:

（1）强限制因子:包括永久基本农田、生态保护红线、难以利用土地、天然草地、林地。

（2）较强限制因子:包括一般农用地、坡度、突发地质灾害。

——建设开发适宜性评价。

采用专家打分法对区域内建设开发适宜性评价的构成要素进行赋值。其中,对属于强限制因子的要素,采用 0 和 1 赋值;对属于较强限制因子的要素,按限制等级分类进行 0~100 赋值（表 11.1）。

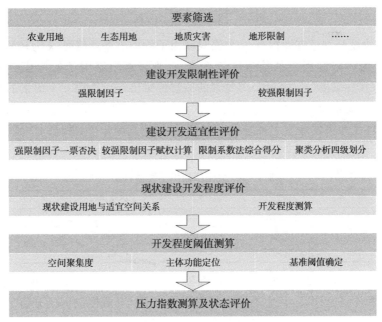

图 11.1　迭部县土地资源评价流程

表 11.1　建设开发适宜性评价的构成要素与分类赋值表

因子类型	要素	分类	适宜性赋值
强限制因子	永久基本农田	永久基本农田	0
		其他	1
	生态保护红线	生态保护红线	0
		其他	1
	难以利用土地	永久冰川、戈壁荒漠等	0
		其他	1
	天然草地	天然草地	0
		其他	1
	林地	林地	0
		其他	1
较强限制因子	一般农用地	人工草地	40
		耕地	50
		园地	80
		其他	100
	坡度	15°以上	40
		8°～15°	60
		2°～8°	80
		0°～2°	100
	突发地质灾害	高易发区	40
		中易发区	60
		低易发区	80

采用限制系数法计算土地建设开发适宜性分值。其计算公式为

$$E = \prod_{j=1}^{m} F_j \cdot \sum_{k=1}^{n} w_k f_k$$

式中,E 为土地建设开发适宜性得分,j 为强限制因子的构成要素编号,k 为较强限制因子的构成要素编号,m 为强限制因子的构成要素个数,n 为较强限制因子的构成要素个数,F_j 为第 j 个要素的适宜性赋值,f_k 为第 k 个要素的适宜性赋值,w_k 为第 k 个要素的权重。

较强限制因子要素权重(表 11.2)利用层次分析法(AHP)求出,根据迭部县土地利用条件对一般农用地、坡度和突发地质灾害进行专家打分、构造判断矩阵,并通过一致性检验,确定要素权重。

表 11.2　较强限制因子要素权重

要素	要素权重
一般农用地	0.126 18
坡度	0.194 72
突发地质灾害	0.679 11

根据适宜性评价分值结果,通过聚类分析等方法将建设开发适宜性划分为适宜、基本适宜、基本不适宜和不适宜四类,其中不受强限制因子约束且非强限制因子分值最高的区域为适宜开发的区域。各类相应的定量分值范围为 63~86、42~63、21~42 和 0~21,其分布范围如图 11.2 所示。

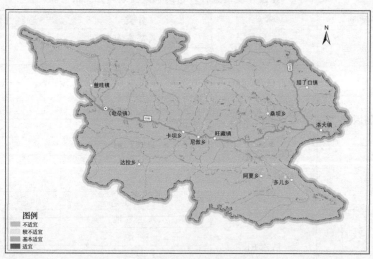

图 11.2　土地建设开发适宜性划分

——现状建设开发程度评价。

将自然地理单元开发适宜性评价结果及实际开发建设单元以县域为单位进行统计,分析现状建设用地与适宜、基本适宜建设开发土地之间的空间关系,并计算区域现状建设开发程度,计算公式为

$$P = S/(S \cup E)$$

式中,S 为现状建设用地面积,E 为土地建设开发适宜性评价中的最适宜、基本适宜区域面积,$S \cup E$ 为二者空间的并集,P 为区域现状建设开发程度(计算后得到的区域现状建设开发程度是一个介于 0 与 1 之间的数值)。通过计算得出,迭部县现状建设开发程度指数为 0.223。

——开发程度阈值测算。

依据区域建设开发综合适宜性评价结果,综合考虑主体功能定位、适宜建设开发空间集中连片情况等,进行适宜建设开发空间的聚集度分析,得出评价单元的适宜空间聚集度指数。

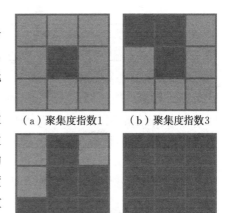

（a）聚集度指数1　　（b）聚集度指数3

（c）聚集度指数6　　（d）聚集度指数9

图 11.3　聚集度指数

聚集度分析采用栅格数据邻域统计的方法,将适宜及基本适宜区域视为适宜空间并记为 1,基本不适宜和不适宜空间记为 0,计算每个分值为 1 的栅格的相邻栅格值的和,其算数平均数即为适宜空间聚集度指数(图 11.3)。通过适宜建设开发空间聚集度指数确定离散型(1~3)、一般聚集型(3~6)和高度聚集型(6~9)。

之后结合各区域主体功能定位,确定各评价单元的适宜建设开发程度阈值,并依据空间聚集度和主体功能区的不同对阈值进行调整,如表 11.3 所示。

表 11.3　基准阈值测算表

基准阈值测算	
适宜空间聚集度高	聚集度指数大于 7； 基准阈值上浮 0.1
适宜空间聚集度一般	聚集度指数大于 3 或小于 7； 基准阈值保持不变
适宜空间聚集度低	聚集度指数小于 3； 基准阈值下调 0.1
重点	重点开发区上浮 0.05
生态和农业	农产品主产区下调 0.05； 重点生态功能区下调 0.15

——土地资源压力指数测算。

对比分析现状建设开发程度与适宜建设开发程度阈值,通过二者的偏离度计算确定土地资源压力指数。其计算公式为

$$D = (P - T)/T$$

式中,D 为土地资源压力指数,P 为现状建设开发程度,T 为基于聚集度分析及主体功能定位修正后的适宜建设开发程度阈值。

——土地资源承载状态评价。

根据土地资源压力指数,将土地资源评价结果划分为土地资源压力大、压力中等和压力小三种类型。土地资源压力指数越小,即现状建设开发程度与适宜建设开发程度的偏离度越低,表明目前建设开发格局与土地资源条件趋于协调。当 $D \geqslant 0$ 时,土地资源压力较大；当 $-0.3 < D < 0$ 时,土地资源压力中等；当 $D \leqslant -0.3$ 时,土地资源压力小(表 11.4)。土地资源压力指数的划分标准可结合各类主体功能区对国土开发强度的管控要求进行差异化设置。

表 11.4　土地资源压力评价分级

土地资源指数	$D \leqslant -0.3$	$-0.3 < D < 0$	$D \geqslant 0$
土地资源压力大小	压力小	压力中等	压力大

c)评价结果

通过计算得到迭部县现状建设开发程度 $P = 0.223$，空间聚集度指数为 0.131，属于适宜空间聚集度低，基准阈值下调 0.1，并依据迭部县重点生态功能区的定位对适宜建设开发程度阈值进行下调 0.15，得到 $T = -0.235$。通过公式求得土地资源压力指数 $D = -1.948$。参照土地资源压力评价分级（表 11.4），可以得出迭部县土地资源"压力小"，各类用地特点和空间分布基本符合规划区自然、生态系统要求、社会需求和经济发展的要求。

2. 水资源评价

迭部县位于甘肃省南部，多年平均降水量为 536.5 毫米，主要属白龙江水系，境内位于迭山主峰以北的洮河水系的水文面积极少。白龙江由西至东横贯全境，自迭部县益哇沟口入境，至洛大黑水沟口出境，全线 110 千米，总落差 700 米，平均坡降 6.4%，冬季不结冰。白龙江主要支流有益哇曲、哇坝曲、安子曲、达拉曲、尖尼曲、多儿曲、腊子曲（包括桑坝曲、腊子曲）等。除达拉曲、多儿曲自四川省流入迭部县外，其余大小支流均发源于境内的南北两山，与白龙江相汇。大部分支流四季有水，只有少数小支流在枯水期枯竭。整个水系呈树枝状，水流湍急，河谷深切，多为"V"形或不对称河谷。山高坡陡，植被良好，并且有大面积的原始森林，径流量较丰富。

迭部县多年平均入境水径流量为 9.586 亿立方米。迭部县自产水总量为 15.9 亿立方米（白龙江流域自产水量 15.35 亿立方米，洮河流域产水量 0.55 亿立方米），产水模数 3.113 万立方米/平方千米，产水系数 0.522，白龙江出境年均径流量为 24.936 亿立方米。

1)水资源评价方法一：通过构建水资源承载力综合评价指标体系进行评价

区域水资源承载力综合评价指标体系是对区域水资源，以及社会、生态与经济协调发展状况进行综合评价与研究的依据和标准。确定该综合评价指标体系应使其能够全面客观地反映中国水资源与社会、生态、经济发展之间的协调发展状况，既能够指导和监督区域水资源利用，促进区域可持续发展，又能使指标概念明确且便于数据的采集。

a)指标选取原则

本次评价从系统论的角度出发，即将经济、社会发展、生态环境与水资源视为一个复合系统。选取水资源承载力综合评价指标时，应遵循以下基本原则：

——目的性，复合系统协调具有明确的目的性，即实现复合系统的协调发展和良性循环。

——整体性，复合系统不是各个子系统的线性加总，强调的是子系统之间的相互关系、相互作用，整体功能远远超过各个要素功能线性加和，任何一子系统的发展制约并受制于其他子系统的相应发展。

——动态性，复合系统协调不是一种静止状态，而是有序地运动着的。

——层次性，主要表现为子系统内部各个组成要素之间的协调及子系统之间的协调。

b)综合评价指标体系确立

本次评价在前人研究的基础上，综合频度统计与理论分析方法选取指标，即对目前有关协调发展评价研究报告和论文进行频度统计，选取使用频率较高的指标，同时对迭部县社会、经济、生态与水资源复合系统的内涵、特征、基本要素等主要问题进行分析、比较、综合,选择与水资源联系紧密且针对性较强的指标。综上所述,此评价充分考虑资料的可获得性,构建了迭部县社会、经济、生态与水资源复合系统综合评价指标体系(表 11.5)。

表 11.5 迭部县社会、经济、生态与水资源复合系统综合评价指标体系

目标		指标	指标选取意义	原始数据	标准化后数据
水资源承载力指标	水资源系统指标 C_1	国土面积 x_1 /10^4 公顷	反映研究区域地域范围	51.08	-0.200
		单位面积水资源量 x_2 /(10^4 立方米/公顷)	反映水资源可利用程度	0.327	-0.213
		水资源开发利用率 x_3 /%	反映水资源开发利用状况	0.65	-0.213
		水质综合达标率 x_4 /%	反映水质的总体状况	100	-0.187
		水资源总量 x_5 /10^8 m³	反映研究区域水资源整体丰裕程度	15.9	-0.209
		多年平均降水量 x_6 /毫米	反映研究区域自然降水补给程度	537	-0.059
		供水模数 x_7 /(10^4 立方米/公顷)	反映区域单位面积供水保障程度	20	-0.208
		产水模数 x_8 /(10^4 立方米/平方千米)	反映区域单位面积产水能力	31.13	-0.205
	社会系统指标 C_2	人口密度 x_9 /(人/公顷)	反映单位国土面积人口压力	0.102	-0.213
		人口自然增长率 x_{10} /‰	反映人口对区域水资源的动态压力	4.99	-0.212
		城市人口比例 x_{11} /%	反映社会发展水平与人口素质	29	-0.206
		生活污水达标处理率 x_{12} /%	反映社会发展水平	82	-0.192
		生活用水定额 x_{13} /(立方米/天·人)	反映人口素质与节水状况	0.046	-0.213
		人口数 x_{14} /10^4 人	反映区域总人口压力	5.2166	-0.212
	经济系统指标 C_3	人均 GDP x_{15} /元	反映区域整体经济状况	19 717	4.9
		GDP 增长率 x_{16} /%	反映区域整体发展能力	5	-0.212
		工业用水定额 x_{17} /(立方米/10^4 元)	反映工业用水水平	20.3	-0.208
		农业用水定额 x_{18} /(立方米/10^4 元)	反映农业用水水平	98.4	-0.188
		灌溉覆盖率 x_{19} /%	反映区域农业灌溉发展水平	13.8	-0.210
		灌溉用水定额 x_{20} /(立方米/公顷)	反映作物对水的依赖状况及节水水平	350.127	-0.123
		工业废水处理达标率 x_{21} /%	反映工业节水水平	85	-0.191
	生态系统指标 C_4	生态环境用水率 x_{22} /%	反映生态系统对水资源的需求	80	-0.193
		森林覆盖率 x_{23} /%	绿色可持续的反映,水资源更新的基础	65.85	-0.196
		湿地比例 x_{24} /%	绿色可持续的反映,水资源更新的基础	0.54	-0.213
		化学需氧量排放量 x_{25} /10^4 吨	反映出水体的污染程度,衡量水中有机物质含量	0.094	-0.213
		土地荒漠化比例 x_{26} /%	反映区域生态状况	17.7	-0.209
协调指标	综合协调指标 C_5	水资源供需平衡指数 r_1 /%	反映区域水资源供需平衡状态	0.66	-0.395
		用水总量 r_2 /10^8 立方米	反映区域用水压力	0.103	-0.396
		人均耕地面积 r_3 /(公顷/人)	可持续的耕地保障	0.104	-0.396

目标	指标		指标选取意义	原始数据	标准化后数据
协调指标	综合协调指标 C_5	单位耕地面积水资源占有量 r_4 /(10^4 立方米/公顷)	反映水资源与土地资源匹配状况	29.192	-0.347
		人均用水量 r_5 /(立方米/人)	综合反映区域人口生产、生活用水水平	197.45	-0.063
		自然灾害损失率 r_6 /%	反映生态环境与社会经济协调状况	2.01	-0.393
	水资源与社会系统协调指标 C_6	人均水资源可利用量 r_7 /(立方米/人)	反映区域水资源丰缺状态及发展潜力	1 908	2.828
		饮水安全人口比例 r_8	反映人口与水资源协调状况	100	-0.227
	水资源与经济系统协调指标 C_7	单位 GDP 用水量 r_9 /(10^4 m^3/10^4 元)	水资源与经济发展协调度量	106.02	-0.217
		万元 GDP 污水产生量 r_{10} /(m^3/10^4 元)	反映水资源污染与经济发展之间的关系	2.106	-0.393
协调指标	水资源与生态系统协调指标 C_8	超采率 r_{11} /%	反映水资源开发利用对生态环境的影响	0	0
		生态环境缺水率 r_{12} /%	反映生态环境与水资源的协调状况	0	0

c)资源承载力综合评价模型建立

——数据标准化。

数据标准化的目的在于消除各指标量纲不同和量级差异的影响,对现有指标数据进行标准化处理,即对统计过程进行描述。利用 SPSS22.0 中的描述性分析,进行标准化处理。计算方法为 Z-Score,是一种无因次值,是从某一原始值中减去所有原始值的平均值,在依照所有原始值的标准差分为不同的差距。其计算公式为

$$X^* = \frac{X_i - \overline{X}_i}{\sigma}$$

式中,X^* 为标准化后的数据,X_i 为需要标准化的原始数据,$\overline{X}_i$ 为整体的平均值,σ 为整体的标准差。

迭部县各项指标标准化后的值如表 11.5 所示。

——模型构建。

根据设计综合评价指标体系,迭部县水资源承载力综合指标 CW 的表达式为

$$CW = \sqrt[3]{CHI \times CCI \times (\alpha F_e I + \beta F_p I)}$$

式中,CHI 为水资源复合系统协调指数,CCI 为水资源复合系统承载压力指数,$F_p I$ 为水资源承载的经济压力指数,$F_p I$ 为水资源承载的人口压力指数,α、β 为待定权重。

迭部县水资源承载力计算采取 α、β 为同等权重。

水资源承载的经济压力指数 $F_e I$ 的计算公式为

$$F_e I = \frac{F_e}{GDP_c}$$

$$F_e = \frac{GDP}{W_d} \times W_S$$

式中,F_e 为水资源承载的最大经济规模,W_d 为社会系统和经济系统的最低用水总量,W_S 为水资源最大可利用总量,GDP 为用水为 W_d 时所产生的地区生产总值,GDP_c 为当前地区生产总值。

F_eI 表征区域内水资源所承载的经济发展压力,数字越大表明该地区水资源承载的经济发展压力越大。当水资源承载经济压力指数 $F_eI > 0.9$,表明区域经济发展对水资源的利用状况已经大大超出本区域的水资源支撑能力;当 $0.6 < F_eI \leqslant 0.9$,表明区域水资源的承载能力已经接近支持当地经济发展的边缘;当 $0.3 < F_eI \leqslant 0.6$,表明区域水资源对当地的经济发展的支撑能力较强;当 $F_eI \leqslant 0.3$,表明区域的水资源承载能力较强,对当地经济发展仍有较大的支撑能力,同时表明该区域经济发展相对滞后,对当地水资源利用不够充分。

水资源承载的人口压力指数 F_pI 的计算公式为

$$F_pI = \frac{F_p}{P_c}$$

$$F_p = \frac{GDP}{GDP_\mathrm{P}}$$

式中,F_p 为区域在某一社会发展水平,可利用水资源量转化成全部产品所能供养的人口规模,即区域内水资源所能承载的最低人口规模;GDP_P 为区域在某一社会发展水平的人均占有国内生产总值的下限阈值;P_c 为当前人口规模。

F_pI 表征区域内水资源所承载的人口规模压力,数字越大表明该地区水资源承载的人口规模压力越大。当 $F_pI > 0.9$ 时,表明区域人口规模较大,水资源匮乏,人口规模已经超出该区域的水资源支撑能力;当 $0.7 < F_pI \leqslant 0.9$,表明区域人口规模已经接近区域内水资源最大支撑能力;当 $0.3 < F_pI \leqslant 0.7$,表明区域水资源能够支撑其人口规模,当 $F_pI \leqslant 0.3$,表明区域人口规模较小,水资源足以支撑其现有的人口规模。

水资源复合系统承载压力指数 CCI 的计算公式为

$$CCI = \frac{CCP}{CCS}$$

式中,CCP 为水资源系统的压力指数,CCS 为水资源系统的承压指数。

迭部县水资源评价的水资源系统承压指数计算选用水资源系统 C_1 的各项指标进行计算;水资源系统压力指数计算选取社会系统指标 C_2、经济系统指标 C_3、生态系统指标 C_4 进行计算,其中有

$$C_i = \sum_{i=1}^{4} \varphi_i \times X_i$$

式中,C_i 为表 11.5 中指标的综合评价值,φ_i 为第 i 个指标的因子权重,X_i 为第 i 个指标评价值。

CCI 表征区域内水资源所承载的社会、经济、生态环境复合系统压力,数值越大表明区域水资源所承载的社会、经济、生态环境复合系统压力越大。当 $CCI < 2$,表明区域经济、社会发展对该区域水资源压力较小;当 $2 \leqslant CCI < 4$,表明区域水资源承载的社会、经济发展压力较大;当 $CCI \geqslant 4$,表明区域社会、经济发展对该区域水资源压力过大,已经严重超出了其水资源的承载压力范围。

迭部县水资源评价各因子权重采用德尔菲法进行确定,得到最终权重矩阵为 $\boldsymbol{A} =$

$[0.018, 0.083, 0.044, 0.048, 0.023, 0.067, 0.036, 0.076, 0.031, 0.026, 0.018, 0.041, 0.046,$
$0.024, 0.019, 0.022, 0.042, 0.053, 0.051, 0.036, 0.028, 0.055, 0.053, 0.052, 0.006, 0.004]$。

对于社会、经济、生态与水资源复合系统而言,各子系统的有序度为 $\bar{u}_k(\bar{e}_k)$,$k=1,2,3,$ 4,$\bar{u}_k(\bar{e}_k)$ 为区域指标的平均值,则在复合系统发展演变过程中的某个时刻 t,其协调指数计算方法为

$$CHI = \theta \sqrt[4]{\prod_{k=1}^{4} [u_k(e_k) - \bar{u}_k(\bar{e}_k)]}$$

$$\theta = \frac{\min_k [u_k(e_k) - \bar{u}_k(\bar{e}_k) \neq 0]}{\left| \min_k [u_k(e_k) - \bar{u}_k(\bar{e}_k) \neq 0] \right|}, \quad k = 1,2,3,4$$

协调指数 CHI 取值越大,表明区域社会、经济、生态与水资源复合系统协调发展程度越高,反之则越低。将协调指标反映社会、经济、生态与水资源四个子系统相互协调关系的四组协调指标数据 (C_5, C_6, C_7, C_8) 导入复合系统协调指数模型,计算可得区域社会、经济、生态与水资源复合系统协调指数 CHI。当 $CHI < 0.25$,表明水资源利用协调水平较低;当 $0.25 \leqslant CHI < 0.35$,表明水资源利用协调水平随经济发展不断提高;当 $0.35 \leqslant CHI < 0.45$,表明随着当地经济实力不断增强,水资源利用效率不断提高,水资源利用协调水平不断提高;当 $CHI > 0.45$,表明水资源协调利用水平保持较高水平。

——计算结果分析。

根据模型计算数值将区域水资源承载力综合指标 CW 度量标准确定如表 11.6 所示。

表 11.6　区域水资源承载力综合指标度量标准

CW	0~0.5	0.51~0.8	0.81~1	1.01~1.3	>1.3
承载等级	承载盈余,水资源丰裕	承载适宜,水资源利用协调	濒临超载,水资源紧张	轻度超载,水资源短缺	严重超载,水资源严重缺乏

利用迭部县 2015 年相关统计数据作为基础数据,将数据标准化后导入水资源承载力综合评价模型,得到综合评价各项指标值,如表 11.7 所示。

表 11.7　迭部县水资源承载力综合评价各项指标值

地区	F_eI	F_pI	CCI	CHI	CW
迭部县	0.592	0.554	0.329	0.177	0.406

通过表 11.7 计算结果可知,迭部县水资源对当地经济发展的支撑能力较强,并且能够支撑其人口规模,迭部县社会、经济发展对该地区水资源的压力小。综上所述,迭部县水资源承载盈余,水资源丰富。

2)水资源评价方法二:水资源分项因子评价法

a)技术方法

——水资源对人口的承载能力。

水资源对人口的承载能力的评价通过基于人水关系的水资源承载力评价衡量。

基于人水关系的水资源承载力评价,为了更有利于反映迭部县水资源的人口承载能力与现实人口之间的关系,可以通过人均综合用水量下区域水资源所能持续供养的人口规模(万人)来表示。其评价模型表达式为

$$WCCI = \frac{P_a W_{pc}}{W}$$

式中,$WCCI$ 为水资源人口承载指数,P_a 为人口数量,W_{pc} 为人均综合用水量(立方米/人),W 为水资源量。按照水资源盈余、人水平衡、水资源超载 3 种不同类型,共划分为 8 种水资源承载状况标准,如表 11.8 所示。

表 11.8 水资源人口承载力评价分级标准

类型	水资源承载状况	水资源人口承载力指数(WCCI)
水资源盈余	富裕	<0.33
	盈余	0.33～0.50
	较盈余	0.50～0.67
人水平衡	平衡有余	0.67～1.00
	临界超载	1.00～1.33
水资源超载	超载	1.33～2.00
	过载	2.00～5.00
	严重超载	>5.00

根据迭部县 2015 年人口数、水资源量及用水量,迭部县水资源人口承载力指数为 0.13,处于水资源富裕状态。

——水资源对经济的承载能力。

水资源对经济的承载能力由万元工业增加值用水量和水资源经济负载指数衡量。

万元工业增加值用水量计算公式为

万元工业增加值用水量＝工业用水量/工业增加值

根据上式计算得到的万元工业增加值用水量,参照国家及甘肃省万元工业增加值用水量情况,将万元工业增加值用水量划分为超载、临界超载、不超载 3 个等级,并赋分值,如表 11.9 所示。

表 11.9 迭部县万元工业增加值用水量评价

评价指标	万元工业增加值用水量/(立方米/万元)
超载	>50
临界超载	26～50
不超载	<26

迭部县万元工业增加值用水量为 10.48 立方米/万元,处于不超载状态。

水资源经济负载指数是水资源开发利用潜力评价的主要指标。水资源经济负载指数可以用区域水资源所能负载的人口和经济规模来表达,反映一定区域内的水资源与人口和经济发展之间的关系,计算公式为

$$C = \frac{K\sqrt{P \times G}}{W}$$

式中,C 为水资源经济负载指数,P 为人口数(万人),G 为 GDP(亿元),W 为水资源总量(亿立方米);K 为与降水有关的系数。

水资源经济负载指数分级评价标准如表 11.10 所示。

表 11.10　水资源经济负载指数分级评价标准

级别	水资源负载指数(C)	水资源利用程度	水资源开发评价
I	＞10	很高,潜力很小	困难,有条件时需要外流域调水
II	5～10	较高,潜力小	开发条件较困难
III	2～5	中等,潜力较大	开发条件中等
IV	1～2	较低,潜力大	开发条件较容易
V	＜1	低,潜力很大	新修中小工程,开发容易

根据水资源负载指数计算公式,迭部县水资源负载指数为 0.37,水资源负载级别为 V 级,水资源开发利用程度低,开发潜力大,开发容易。

——水资源对生态的承载能力。

水资源生态承载力是指某一区域在某一具体历史发展阶段,水资源最大供给量可供支持该区域资源、环境及生态可持续发展的能力,以及水资源对生态系统和经济系统良性发展的支撑能力。

水资源生态足迹模型为

$$EF_w = N \times ef_w = N \times \gamma_w \times \frac{W}{P_w}$$

式中,EF_w 为水资源总生态足迹(公顷),N 为人口数,ef_w 为人均水资源生态足迹(公顷/人),γ_w 为水资源全球均衡因子,P_w 为水资源全球平均生产能力(立方米/公顷),W 为总用水量(亿立方米)。其中,水资源全球平均生产能力 P_w 即全球多年平均产水模数,为 3 140 立方米/公顷;水资源全球均衡因子 γ_w 为 5.19。

水资源生态承载力模型为

$$EC_w = N \times ec_w = N \times 0.6 \times \psi \times \gamma_w \times \frac{Q}{P_w}$$

式中,EC_w 为水资源承载力(公顷),N 为人口数,ec_w 为人均水资源承载力(公顷/人),γ_w 为水资源全球均衡因子,ψ 为区域水资源的产量因子,Q 为水资源总量(立方米),P_w 为水资源全球平均生产能力(立方米/公顷)。

利用水资源供需平衡指数 EI_w 对水资源生态供需平衡关系进行评价。EI_w 的计算公式为

$$EI_w = \frac{EF_w}{EC_w}$$

水资源生态承载力供需平衡分级标准如表 11.11 所示。

表 11.11　水资源生态承载力供需平衡分级标准

类型	水资源生态承载状况	水资源供需平衡指数(EI_w)
水资源生态盈余	富足有余	$EI_w < 0.1$
	富裕	$0.1 \leqslant EI_w < 0.3$
	盈余	$0.3 \leqslant EI_w < 0.8$
水资源生态平衡	平衡有余	$0.8 \leqslant EI_w < 1.0$
	临界超载	$1.0 \leqslant EI_w < 1.2$
水资源生态超载	超载	$1.2 \leqslant EI_w < 5.0$
	过载	$5.0 \leqslant EI_w < 15.0$
	严重超载	$EI_w \geqslant 15.0$

根据水资源生态足迹模型及生态承载力模型进行迭部县水资源生态承载力核算。迭部县水资源生态供需平衡指数为 0.219，处于水资源生态富裕状态。

——水资源开发潜力。

迭部县水资源开发潜力如表 11.12 所示。

表 11.12　迭部县水资源开发潜力

区域	2015 年实际用水量 /万立方米	水资源可利用量 /万立方米	水资源开发潜力	
			数量	系数
迭部县	1 030	7 901	6 871	0.87

迭部县水资源开发潜力系数为 0.87，开发潜力大。

b)分项因子评价结论

迭部县水资源相对于人口的承载力较高，水资源富裕；相对于经济发展的承载力高，开发利用程度低，开发容易，万元工业增加值用水量不超载；相对于生态状况的承载力高，处于水资源生态富裕状态；迭部县水资源综合开发利用潜力大。综上所述，迭部县水资源承载状况整体为不超载。

3. 环境评价

迭部县地处大陆性气候与海洋性气候的过渡带，属非典型大陆性气候，干湿季分明，季风气候特点突出，降水多集中在夏季，春季风多雨少，秋季阴雨连绵，沿河谷冬无严寒、夏无酷暑，县域内植被覆盖度高，林草茂密，环境空气质量好。本次监测遴选二氧化氮（NO_2）、二氧化硫（SO_2）、一氧化碳（CO）、臭氧（O_3）、可吸入细颗粒物（$PM_{2.5}$）和可吸入颗粒物（PM_{10}）6 项指标衡量空气质量评价。

迭部县年均降水量约 536.5 毫米，地表水资源十分丰富，白龙江自西向东流经县境约 110 千米，本次监测遴选溶解氧（DO）、高锰酸盐指数（COD_{Mn}）、五日生化需氧量（BOD_5）、化学需氧量（COD）、氨氮（NH_3-N）、总磷（TP）、总氮（TN）7 项指标开展水环境质量评价。

1)环境评价方法一

方法一：采用污染物浓度超标指数作为评价指标，通过主要污染物年均浓度监测值与国家现行环境质量标准的对比值反映，由大气、水主要污染物浓度超标指数集成获得。

a)评价方法

在主要大气污染物和水污染物浓度超标指数分项测算的基础上，集成评价形成污染物浓度超标指数的综合结果。

——大气环境评价——大气污染物浓度超标指数。

单项大气污染物浓度超标指数，以各项污染物的标准限值表征环境系统所能承受的人类各项社会经济活动的阈值（限值采用《环境空气质量标准》（GB 3095—2012）中规定的各类大气污染物浓度限制二级标准）。不同区域各项污染指标的超标指数计算公式为

$$R_{气ij} = C_{ij}/S_i - 1$$

式中，$R_{气ij}$ 为区域 j 内第 i 项大气污染物浓度超标指数，C_{ij} 为其年均浓度监测值，S_i 为该污染物浓度二级标准限值。

$$R_{气j} = \max(R_{气ij})$$

式中，$R_{气j}$ 为区域 j 的大气污染物浓度超标指数，其值为 6 项大气污染物浓度超标指数的最大值。

2017 年，迭部县境内共设有 4 个大气监测点，其中迭部县城设置一个，桑坝乡、腊子口镇、洛大镇各设置一个，如图 11.4 所示。

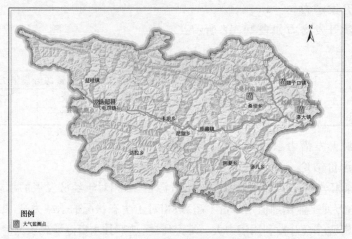

图 11.4　迭部县大气监测点位置

根据《资源环境承载能力监测预警技术方法（试行）》中大气环境评价指标体系和数据收集情况，遴选 2017 年迭部县二氧化氮（NO$_2$）、二氧化硫（SO$_2$）、一氧化碳（CO）、臭氧（O$_3$）、可吸入颗粒物（PM$_{2.5}$）和可吸入颗粒物（PM$_{10}$）为迭部县大气环境评价指标，其中迭部县城主要污染物年均浓度如图 11.5 所示，以《环境空气质量标准》（GB 3095—2012）中年平均二级标准为限值。四个监测点 2017 年监测的评价结果如表 11.13 至表 11.16 所示。

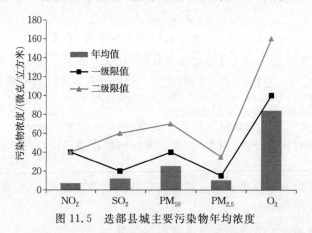

图 11.5　迭部县城主要污染物年均浓度

表 11.13　迭部县城大气环境评价结果

评价指标	年均值/（微克/立方米）	一级限值/（微克/立方米）	二级限值/（微克/立方米）	指标指数	max($R_{气_{ij}}$)
二氧化氮（NO$_2$）	8.16	40	40	−0.73	—
二氧化硫（SO$_2$）	10.64	20	60	−0.86	—
可吸入颗粒物（PM$_{10}$）	25.29	40	70	−0.64	—
可吸入颗粒物（PM$_{2.5}$）	10.25	15	35	−0.71	—
一氧化碳（CO）	350.00	4 000	4 000	−0.91	—
臭氧（O$_3$）	84.38	100	160	−0.47	max(R_{O_3})

表 11.14　桑坝乡卡曼村大气环境评价结果

评价指标	年均值 /(微克/立方米)	一级限值 /(微克/立方米)	二级限值 /(微克/立方米)	指标指数	max $(R_{气ij})$
二氧化氮(NO₂)	7.15	40	40	-0.82	—
二氧化硫(SO₂)	6.55	20	60	-0.89	—
可吸入颗粒物(PM₁₀)	48.60	40	70	-0.31	$\max(R_{PM_{10}})$

表 11.15　腊子口镇久里才村大气环境评价结果

评价指标	年均值 /(微克/立方米)	一级限值 /(微克/立方米)	二级限值 /(微克/立方米)	指标指数	max $(R_{气ij})$
二氧化氮(NO₂)	6.75	40	40	-0.83	—
二氧化硫(SO₂)	6.45	20	60	-0.89	—
可吸入颗粒物(PM₁₀)	44.15	40	70	-0.37	$\max(R_{PM_{10}})$

表 11.16　洛大镇赵藏三村大气环境评价结果

评价指标	年均值 /(微克/立方米)	一级限值 /(微克/立方米)	二级限值 /(微克/立方米)	指标指数	$\max(R_{气ij})$
二氧化氮(NO₂)	7.40	40	40	-0.82	—
二氧化硫(SO₂)	6.50	20	60	-0.89	—
可吸入颗粒物(PM₁₀)	46.35	40	70	-0.34	$\max(R_{PM_{10}})$

从图 11.5、表 11.14 至表 11.16 中可以看出,迭部县所有大气污染物不仅低于国家二级浓度限值,除农村监测点 PM_{10} 外其他评价指标也全部都低于国家一级浓度限值,空气质量良好,基本无空气污染物。

——水环境评价——水污染物浓度超标指数。

单项水污染物浓度超标指数,以各控制断面主要污染物年均浓度与该项污染物一定水质目标下水质标准限值的差值作为水污染物超标量。标准限值采用国家 2020 年各控制单元水环境功能分区目标中确定的各类水污染物浓度的水质标准限值。选择溶解氧(DO)、高锰酸盐指数(COD_{Mn})、五日生化需氧量(BOD_5)、氨氮(NH_3-N)、总氮(TN)、总磷(TP)、化学需氧量(COD)7 项指标开展评价。其计算公式为

$$R_{水ijk} = 1/(C_{ijk}/S_{ik}) - 1, \quad i = 1$$

$$R_{水ijk} = C_{ijk}/S_{ik} - 1, \quad i = 2,3,\cdots,7$$

$$R_{水ij} = \sum_{k=1}^{N_j} R_{水ijk}/N_j, \quad i = 2,3,\cdots,7$$

$$R_{水jk} = \max_i(R_{水ijk}), \quad i = 2,3,\cdots,7$$

$$R_{水j} = \sum_{k=1}^{N_j} R_{水jk}/N_j, \quad i = 2,3,\cdots,7$$

式中,$R_{水jk}$ 为区域 j 第 k 个断面的水污染物浓度超标指数,$R_{水j}$ 为区域 j 的水污染物浓度超标指数。C_{ijk} 为区域 j 第 k 个断面第 i 项水污染物的年均浓度监测值,S_{ik} 为第 k 个断面第 i 项水污染物的水质标准限值。$i = 1,2,\cdots,7$,分别对应 DO、COD_{Mn}、BOD、COD、NH_3-N、TN、TP;k 为某一控制断面,$k = 1,2,\cdots,N_j$,N_j 表示区域 j 内控制断面个数。当 k 为河流控制断面时,计算 $R_{水jk}$,$i = 1,2,\cdots,7$;当 k 为湖库控制断面时,计算 $R_{水jk}$,$i = 1,2,\cdots,7$。

按照国家 2020 年各控制单元水环境功能分区目标中确定的各类水污染物浓度的水质标准限值,迭部县白龙江段的目标水质为Ⅱ类(《地表水环境质量标准》(GB 3838—2002))。考虑到迭部县地处青藏高原东部边缘,海拔高度在 3 600～4 488 米,根据吕琳莉等(2018)研究表明,随着海拔升高,气压降低,氧分压值也降低,溶解氧浓度降低,因此在本次监测过程中,溶解氧的标准限值采用《地表水环境质量标准》(GB 3838—2002)中的Ⅲ类限值。2017 年,在迭部县域内最大河流(水系)白龙江上共设有三个断面监测点,分别为迭部县白龙江入境断面、迭部县白龙江出境断面、迭部县白云林场断面位,监测点位置示意如图 11.6 所示,评价结果如表 11.17 至表 11.19 所示。

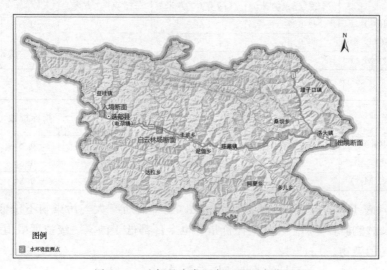

图 11.6   迭部县白龙江断面监测点位置

表 11.17   迭部县白龙江入境断面水环境评价结果

评价指标	Ⅱ类限值	年均值	指标指数	max($R_{水ij}$)
溶解氧(DO)	≥5 毫克/升	7.18	−0.30	—
高锰酸盐指数(COD_{Mn})	≤4 毫克/升	1.58	−0.61	
五日生化需氧量(BOD_5)	≤3 毫克/升	2.15	−0.28	max($R_{水BOD}$)
氨氮(NH_3-N)	≤0.5 毫克/升	0.13	−0.74	
总氮(TN)	—	0.77	—	
总磷(TP)	≤0.1 毫克/升	0.03	−0.73	
化学需氧量(COD)	≤15 毫克/升	8.91	−0.41	

表 11.18   迭部县白龙江出境断面水环境评价结果

评价指标	Ⅱ类限值	年均值	指标指数	max($R_{水ij}$)
溶解氧(DO)	≥5 毫克/升	7.53	−0.34	—
高锰酸盐指数(COD_{Mn})	≤4 毫克/升	1.54	−0.61	
五日生化需氧量(BOD_5)	≤3 毫克/升	2.19	−0.27	max($R_{水BOD}$)
氨氮(NH_3-N)	≤0.5 毫克/升	0.18	−0.63	
总氮(TN)		0.77		
总磷(TP)	≤0.1 毫克/升	0.03	−0.69	
化学需氧量(COD)	≤15 毫克/升	7.84	−0.48	

表 11.19 迭部县白云林场断面水环境评价结果

评价指标	Ⅱ类限值	年均值	指标指数	$\max(R_{水ij})$
溶解氧(DO)	≥5 毫克/升	7.28	−0.31	$\max(R_{水DO})$
高锰酸盐指数(COD_{Mn})	≤4 毫克/升	1.85	−0.54	—
五日生化需氧量(BOD_5)	≤3 毫克/升	1.81	−0.40	—
氨氮(NH_3-N)	≤0.5 毫克/升	0.21	−0.58	—
总氮(TN)	—	0.70	—	—
总磷(TP)	≤0.1 毫克/升	0.05	−0.55	—
化学需氧量(COD)	≤15 毫克/升	9.90	−0.34	—

如表 11.17 至表 11.19 所示,迭部白龙江入境断面、出境断面及白云林场断面地表水水质溶解氧(DO)、高锰酸盐指数(COD_{Mn})、五日生化需氧量(BOD_5)、氨氮(NH_3-N)、总氮(TN)、总磷(TP)、化学需氧量(COD)等指标年均值在《地表水环境质量标准》(GB 3838—2002)标准限值之内;迭部县水环境指标未超标。

b)评价结果

污染物浓度综合超标指数采用极大值模型进行集成。其计算公式为

$$R_j = \max(R_{气j}, R_{水j})$$

式中,R_j 为区域 j 的污染物浓度综合超标指数,$R_{气j}$ 为区域 j 的大气污染物浓度超标指数,$R_{水j}$ 为区域 j 的水污染物浓度超标指数。

根据污染物浓度综合超标指数,将评价结果划分为污染物浓度超标、接近超标和未超标三种类型。污染物浓度超标指数越小,表明区域环境系统对社会经济系统的支撑能力越强(表 11.20)。

表 11.20 环境评价阈值与重要参数

污染物浓度超标指数	>0	−0.2~0	<−0.2
评价结果	超标状态	接近超标状态	未超标状态

经过统计分析,迭部县污染物浓度综合超标指数为−0.29(<−0.2),环境评价结果为未超标状态。

2)环境评价方法二

方法二:采用层次分析法构建大气环境质量评价模型和水环境质量评价模型对迭部县环境质量进行评价。

迭部县环境评价模型的建立由评价方法确定、构造判断矩阵并求特征向量、层次单排序组合权重计算及一致性检验、层次总排序组合权重计算及一致性检验、确定环境质量五个环节构成。

a)大气环境质量评价

——建立大气环境质量评价模型。

根据收集到的资料,选取 SO_2、NO_2、PM_{10} 为大气污染因子,将大气环境质量作为层次分析结构的目标层,大气污染因子为层次分析的准则层,大气环境质量级别作为层次分析的措施层,建立迭部县大气环境质量评价的层次分析模型,如图 11.7 所示。

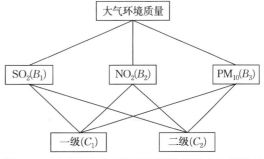

图 11.7 迭部县大气环境质量评价的层次分析模型

——构建判断矩阵并求特征向量。

在大气环境质量层次结构模型中,以评价因子的指数为标度,以国家大气环境质量二级标准为基准,构建各准则层(B_i)的相对重要两两判断矩阵(A-B):$B(SO_2)/B(SO_2)_{标准}$;$B(NO_2)/B(NO_2)_{标准}$;$B(PM_{10})/B(PM_{10})_{标准}$。由此构建判断矩阵($A$-$B$)如表 11.21 所示。

表 11.21　A-B 判断矩阵

大气环境质量(A)	$SO_2(B_1)$	$NO_2(B_2)$	$PM_{10}(B_3)$	W_i
$SO_2(B_1)$	1.00	0.68	0.21	0.14
$NO_2(B_2)$	1.47	1.00	0.31	0.21
$PM_{10}(B_3)$	4.68	3.19	1.00	0.65

措施层两两比较判断矩阵(B-C)是以评价因子的浓度值与其相应的各个大气质量级别的标准值之差的倒数为标度,即 $1/|C-C_{标准}|$,由此构成的判断矩阵如表 11.22 至表 11.24 所示。

表 11.22　B_1-C 判断矩阵

$SO_2(B_1)$	一级(C_1)	二级(C_2)	W_i
一级(C_1)	1.00	4.20	0.81
二级(C_2)	0.23	1.00	0.19

表 11.23　B_2-C 判断矩阵

$NO_2(B_2)$	一级(C_1)	二级(C_2)	W_i
一级(C_1)	1.00	1.00	0.5
二级(C_2)	1.00	1.00	0.5

表 11.24　B_3-C 判断矩阵

$PM_{10}(B_3)$	一级(C_1)	二级(C_2)	W_i
一级(C_1)	1.00	26.33	0.96
二级(C_2)	0.04	1.00	0.04

——层次单排序权重的计算及一致性检验。

计算层次单排序权重及对各判断矩阵进行一致性检验,如表 11.25 所示,可以得出一致性比率 $CR < 0.1$,因此判断矩阵满足一致性检验,否则要对矩阵进行修改。

表 11.25　层次单排序和一致性检验

	A-B	B_1-C	B_2-C	B_3-C
λ_{max}	3	2	2	2
W_i	0.14	0.81	0.5	0.96
	0.21	0.19	0.5	0.04
	0.65	—	—	—
CI	0	0	0	0
RI	0.58	0.09	0.09	0.09
CR	0	0	0	0

——层次总排序组合权重及一致性检验。

层次总排序如表 11.26 所示,利用模型——层次总排序权重 $= \sum_{i=1}^{n} B_i C_{mi}$ 计算,其中 B_1,

$B_2, \cdots, B_n$ 是 $\boldsymbol{B}$ 层对 $\boldsymbol{A}$ 层的单排序权重，$C_{11}, C_{12}, \cdots, C_{mn}$ 是 $\boldsymbol{C}$ 层对 $\boldsymbol{B}$ 层的单排序权重。2017 年层次总排序的总比率 $CR = CI/RI, CI = \sum_{i=1}^{2} B_i(CI) = 0, RI = \sum_{i=1}^{2} B_i(RI) = 0$，故 2009 年的层次总排序的总比率 $CR = 0 < 0.1$，符合一致性检验。

表 11.26　层次总排序和一致性检验

层次	B_1	B_2	B_3	层次
	0.14	0.21	0.65	总排序权重
C_1	0.81	0.50	0.96	0.85
C_2	0.19	0.50	0.04	0.15

——确定大气环境质量级别。

根据表 11.26 层次总排序结果可知，权值最大对应的大气环境质量级别为一级，权重值为 0.85，因此 2017 年迭部县的大气环境质量为一级。

b）水环境质量评价

——建立水环境质量评价模型。

根据收集到的资料，选取溶解氧（DO）、高锰酸盐指数（COD_{Mn}）、五日生化需氧量（BOD_5）、氨氮（NH_3-N）、化学需氧量（COD）、总磷（TP）、总氮（TN）等指标为水污染因子，将水环境质量作为层次分析结构的目标层，水环境污染因子为层次分析的准则层，水环境质量级别作为层次分析的措施层，建立迭部县水环境质量评价的层次分析模型，如图 11.8 所示。

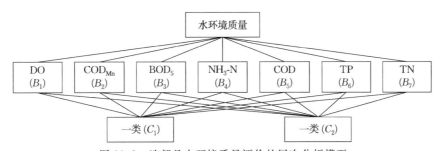

图 11.8　迭部县水环境质量评价的层次分析模型

——构建判断矩阵并求特征向量。

在水环境质量层次结构模型中，以评价因子的指数为标度，以《地表水环境质量标准》（GB 3838—2002）Ⅱ类标准限值为基准，构建各准则层（B_i）的相对重要两两判断矩阵（$\boldsymbol{A}$-$\boldsymbol{B}$）：$B(DO)/B(DO)_{标准}$；$B(COD_{Mn})/B(COD_{Mn})_{标准}$；$B(BOD_5)/B(BOD_5)_{标准}$；$B(NH_3\text{-}N)/B(NH_3\text{-}N)_{标准}$；$B(TP)/B(TP)_{标准}$；$B(COD)/B(COD)_{标准}$；$B(TN)/B(TN)_{标准}$ 由此构建判断矩阵（$\boldsymbol{A}$-$\boldsymbol{B}$）如表 11.27 所示。

表 11.27　$\boldsymbol{A}$-$\boldsymbol{B}$ 判断矩阵

大气环境质量（$\boldsymbol{A}$）	溶解氧（B_1）	高锰酸盐（B_2）	化学需氧量（B_3）	五日生化需氧量（B_4）	氨氮（B_5）	总磷（B_6）	总氮（B_7）	W_i
溶解氧（B_1）	1.00	2.91	2.05	1.88	3.01	4.08	0.83	0.24
高锰酸盐（B_2）	0.34	1.00	0.70	0.65	1.03	1.40	0.28	0.08
化学需氧量（B_3）	0.49	1.42	1.00	0.92	1.47	1.99	0.40	0.12
五日生化需氧量（B_4）	0.53	1.55	1.09	1.00	1.60	2.17	0.44	0.13

大气环境质量（A）	溶解氧（B_1）	高锰酸盐（B_2）	化学需氧量（B_3）	五日生化需氧量（B_4）	氨氮（B_5）	总磷（B_6）	总氮（B_7）	W_i
氨氮（B_5）	0.33	0.97	0.68	0.63	1.00	1.36	0.27	0.08
总磷（B_6）	0.25	0.71	0.50	0.46	0.74	1.00	0.20	0.06
总氮（B_7）	1.21	3.52	2.48	2.28	3.64	4.93	1.00	0.29

措施层两两比较判断矩阵（B-C）是以评价因子的浓度值与其相应的各个水环境质量类别的标准值之差的倒数为标度：$1/|C-C_{标准}|$，由此构成的判断矩阵如表 11.28 至表 11.34 所示。

表 11.28 B_1-C 判断矩阵

溶解氧（B_1）	一级（C_1）	二级（C_2）	W_i
一级（C_1）	1.00	8.17	0.89
二级（C_2）	0.12	1.00	0.11

表 11.29 B_2-C 判断矩阵

高锰酸盐（B_2）	一级（C_1）	二级（C_2）	W_i
一级（C_1）	1.00	7.25	0.88
二级（C_2）	0.14	1.00	0.12

表 11.30 B_3-C 判断矩阵

化学需氧量（B_3）	一级（C_1）	二级（C_2）	W_i
一级（C_1）	1.00	1.00	0.50
二级（C_2）	1.00	1.00	0.50

表 11.31 B_4-C 判断矩阵

五日生化需氧量（B_4）	一级（C_1）	二级（C_2）	W_i
一级（C_1）	1.00	1.00	0.50
二级（C_2）	1.00	1.00	0.50

表 11.32 B_5-C 判断矩阵

氨氮（B_5）	一级（C_1）	二级（C_2）	W_i
一级（C_1）	1.00	5.56	0.85
二级（C_2）	0.18	1.00	0.15

表 11.33 B_6-C 判断矩阵

总磷（B_6）	一级（C_1）	二级（C_2）	W_i
一级（C_1）	1.00	7.00	0.88
二级（C_2）	0.14	1.00	0.13

表 11.34 B_7-C 判断矩阵

总氮（B_7）	一级（C_1）	二级（C_2）	W_i
一级（C_1）	1.00	0.44	0.31
二级（C_2）	2.25	1.00	0.69

——层次单排序权重的计算及一致性检验。

计算层次单排序权重及对各判断矩阵进行一致性检验，如表 11.35 所示，可以得出一致性比率 $CR < 0.1$，因此判断矩阵满足一致性检验，否则要对矩阵进行修改。

表 11.35　层次单排序和一致性检验

	A-B	B_1-C	B_2-C	B_3-C	B_4-C	B_5-C	B_6-C	B_7-C
λ_{max}	7.00	2.00	2.00	2.00	2.00	2.00	2.00	2.00
	0.24	0.89	0.88	0.50	0.50	0.85	0.88	0.31
	0.08	0.11	0.12	0.50	0.50	0.15	0.13	0.69
	0.12	—	—	—	—	—	—	—
W_i	0.13	—	—	—	—	—	—	—
	0.08	—	—	—	—	—	—	—
	0.06	—	—	—	—	—	—	—
	0.29	—	—	—	—	—	—	—
CI	0.00	0.00	0.00	0.00	0.00	0.00	0.00	0.00
RI	1.32	0.09	0.09	0.09	0.09	0.09	0.09	0.09
CR	0.00	0.00	0.00	0.00	0.00	0.00	0.00	0.00

——层次总排序组合权重及一致性检验。

层次总排序如表 11.36 所示，利用模型——层次总排序权重 $= \sum_{i=1}^{n} B_i C_{mi}$ 计算，其中 B_1，B_2，$\cdots$，B_n 是 B 层对 A 层的单排序权重，C_{11}，C_{12}，$\cdots$，C_{mn} 是 C 层对 B 层的单排序权重。2017 年层次总排序的总比率 $CR = CI/RI$，$CI = \sum_{i=1}^{2} B_i(CI) = 0$，$RI = \sum_{i=1}^{2} B_i(RI) = 0$，故 2009 年的层次总排序的总比率 $CR = 0 < 0.1$，符合一致性检验。

表 11.36　层次总排序和一致性检验

层次	B_1	B_2	B_3	B_4	B_5	B_6	B_7	层次总排序
	0.24	0.08	0.12	0.13	0.08	0.06	0.29	权重
Ⅰ类	0.89	0.88	0.50	0.50	0.85	0.88	0.31	0.62
Ⅱ类	0.11	0.12	0.50	0.50	0.15	0.13	0.69	0.38

——确定水环境质量级别。

根据表 11.36 层次总排序结果可知，权值最大对应的水环境质量级别为Ⅰ类，权重值为 0.62，因此 2017 年迭部县的水环境质量为一级。

4. 生态评价

迭部县位于甘南藏族自治州南部甘川交界处，白龙江上游的高山峡谷地带。全境沟谷江河纵横，山涧溪水潺潺。年均降水量 536.5 毫米，多在 5~9 月份，地表水资源十分丰富。迭部县森林覆盖率高达 60% 以上，是迄今为止甘川地区保存最好的原始森林区，也是长江上游的重点水源涵养林区和青藏高原东部重要的绿色生态屏障。迭部县是首批列入国家绿色能源的示范县，有著名的国家级白龙江腊子口水利风景区和多儿国家级自然保护区。扎尕那农林牧复合系统被中华人民共和国农业农村部评为中国首批重要农业文化遗产。现已成功申报国家级生态乡镇 1 个、省级生态乡镇 3 个、绿色社区 1 个和绿色学校 2 个。

迭部县生态评价通过借鉴前人的研究，选用 P-S-R 模型构建迭部县生态系统评价指标体系。P-S-R 模型，即压力-状态-响应模型，是国际经济合作与发展组织（OECD）与联合国环境规划署（UNEP）共同提出的，具有非常清晰的因果关系，在环境、生态、地球科学等领域中被承认和广泛使用。

1) 指标体系构建

本次研究基于 P-S-R 模型，技术流程如图 11.9 所示，从生态系统抵抗外界干扰能力、资源环境的供容能力及人类社会对生态系统的影响力三个方面入手，依据社会经济与生态环境有机统一的特点，构建迭部县生态系统承载力评价指标体系（表 11.37）。评价指标分为目标层、准则层和指标层。

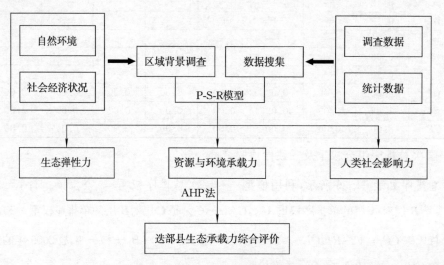

图 11.9　迭部县生态评价技术流程

表 11.37　迭部县生态系统承载力评价指标体系及对应数值

目标层	准则层	指标层			
		序号	指标	原始数据	标准化后数据
生态系统承载力（A）	生态弹性力（B_1）	C_1	年均降水量/毫米	536.50	−0.45
		C_2	年均气温/℃	9.00	−0.45
		C_3	森林覆盖率/%	65.85	−0.45
		C_4	草原覆盖率/%	29.67	−0.45
		C_5	水资源总量/立方米	1 590 000 000.00	1.79
	资源与环境承载力（B_2）	C_6	人均耕地面积/（平方米/人）	956.47	−0.70
		C_7	人均水资源量/（平方米/人）	29 664.18	0.60
		C_8	人均公共绿地面积/（平方米/人）	6.20	−0.74
		C_9	人均草地/（平方米人）	28 271.14	0.53
		C_{10}	人均林地面积/（平方米/人）	56 100.75	1.79
	人类社会影响力（B_3）	C_{11}	人均粮食产量/（吨/人）	0.21	−0.64
		C_{12}	人口承载力/（人/平方千米）	10.49	0.03
		C_{13}	城镇化率/%	29.50	1.27
		C_{14}	恩格尔系数/%	42.00	2.09
		C_{15}	节能环保支出/百万元	5.59	−0.29
		C_{16}	人均 GDP/（万元/人）	2.12	−0.52
		C_{17}	万元 GDP 能耗/（吨标准煤/万元）	0.30	−0.64
		C_{18}	化学需氧量/万吨	0.09	−0.65
		C_{19}	二氧化硫/万吨	0.03	−0.65

2)数据标准化

利用 SPSS22.0 中的描述性分析,进行标准化处理。计算方法为 Z-Score,是一种无因次值,是从某一原始值中减去所有原始值的平均值,再依照所有原始值的标准差分为不同的差距。其计算公式为

$$Z = \frac{X - \mu}{\sigma}$$

式中,X 为需要标准化的原始数据,$\mu = E(X)$ 为整体的平均值,σ 为整体的标准差。

3)权重确定

参考关于生态系统承载力的相关研究,结合迭部县环境特点,对指标体系中的所有指标在生态系统承载力中承担角色的重要性进行两两比较,再将比较值运用数学方法进行规范处理。目前,使用比较多的方法是层次分析法(AHP)。

a)建立多维要素模型

评价指标模型 $Q(s)$ 是一个 n 维的可扩充的向量,即

$$Q(s) = \begin{bmatrix} q_1(s_1) & q_2(s_1) & \cdots & q_m(s_1) \\ q_1(s_2) & q_2(s_2) & \cdots & q_m(s_2) \\ \vdots & \vdots & & \vdots \\ q_1(s_n) & q_2(s_n) & \cdots & q_m(s_n) \end{bmatrix} = \begin{bmatrix} q_{11} & q_{12} & \cdots & q_{1m} \\ q_{21} & q_{22} & \cdots & q_{2m} \\ \vdots & \vdots & & \vdots \\ q_{n1} & q_{n2} & \cdots & q_{nm} \end{bmatrix}$$

式中,$q_m(s_n)$ 表示模型中的评价指标,m 表示评价指标的个数,n 表示评价县的个数(本次研究中取 $m=19, n=1$)。

b)构造判断矩阵

对选取的 19 个指标作为生态系统评价要素,构造判断矩阵,矩阵结构为

$$A = (a_{ij})_{n \times n}$$

式中,$a_{ij} \in (0, 10), a_{ij} = 1, i = j = 1, 2, \cdots, n, a_{ij} = 1/a_{ji} (i \neq j)$。$a_{ij}$ 根据指标的相对重要性选取,通过对指标进行两两比较形成判断矩阵。

AHP 中指标的相对重要性的选取,通常采用九分比例标度(表 11.38)。

表 11.38 指标相对重要性比例标度

标度	含义
1	A 指标相比 B 指标,两者同等重要
3	A 指标相比 B 指标,A 指标比 B 指标略微重要
5	A 指标相比 B 指标,A 指标比 B 指标重要
7	A 指标相比 B 指标,A 指标比 B 指标十分重要
9	A 指标相比 B 指标,A 指标比 B 指标极其重要
2,4,6,8	上述相邻判断的中值

迭部县生态系统承载力评价指标判断矩阵如表 11.41 至表 11.44 所示。

c)层次单排序及其一致性检验

首先,根据矩阵数据,利用 AHP 计算方法,使用和积法标准化判断矩阵,即

$$\bar{a}_{ij} = \frac{a_{ij}}{\sum_{k=1}^{n} a_{kj}}, \quad i = j = 1, 2, \cdots, n$$

将矩阵按行依次相加,即

$$\overline{W}_i = \sum_{j=1}^{n} \overline{a}_{ij}, \quad i = j = 1, 2, \cdots, n$$

对矩阵 W 进行标准化,即

$$W_i = \frac{\overline{W}_i}{\sum_{j=1}^{n} \overline{W}_j}, \quad i = j = 1, 2, \cdots, n$$

通过上式所求解出的矩阵 W 中的特征向量,即为评价指标的权重系数。然后,利用下面公式进行一致性检验。

假设判断矩阵 A 的最大特征根为 λ_{max},其相对应的特征向量为 W,则 $AW = \lambda_{max}W$,其一致性指标为

$$CI = \frac{\lambda_{max} - n}{n - 1}$$

式中,$\lambda_{max} = \sum_{i=1}^{n} \frac{(AW)_i}{nW_i}$。为了检验判断矩阵的一致性是否满足要求,需要引入一个平均随机的一致性指标 RI,若 $CI/RI < 0.1$ 时,则认为判断矩阵满足一致性要求,反之需要调整判断矩阵。$1 \sim 21$ 阶矩阵的 RI 值如表 11.39 所示。

表 11.39   目标层判断矩阵

阶数 (n)	1	2	3	4	5	6	7	8	9	10	11
RI	0.00	0.00	0.52	0.89	1.12	1.26	1.36	1.41	1.46	1.49	1.52
阶数 (n)	12	13	14	15	16	17	18	19	20	21	⋯
RI	1.54	1.56	1.58	1.59	1.594 3	1.606 4	1.613 3	1.620 7	1.629 2	1.638 5	⋯

对其他矩阵也采用类似方法得出层次单排序,经计算 A 矩阵 $CI(A) = 0.004\ 6, CI(B_1) = 0.024\ 4, CI(B_2) = 0.017\ 0, CI(B_3) = 0.028\ 3$。以上数据均通过一致性检验。

d)层次总排序及其一致性检验

利用同一层次单排序的结果,计算针对上一层而言本层次所有元素的重要性权值,此即为层次总排序,计算需从上到下逐层顺序进行。本研究中对于最高层(指数层)下面的第二层次(指标层),其层次单排序即为总排序。

假设第二层次中所有元素的总排序得到的权值分别为 a_1、a_2、a_3、a_4、a_5、a_6,与之对应的变量层元素单排序的结果为 $b_{11}, b_{12}, \cdots, b_{nj}$,此时层次总排序权值由表 11.40 给出。层次总排序仍是标准化向量。

表 11.40   层次总排序示意结果

层次 B	层次 A		
	$A_1, A_2, \cdots, A_6$		B 层次总排序权值
	$a_1, a_2, \cdots, a_6$		
B_1	$b_{11}, b_{12}, \cdots, b_{16}$		$\sum_{j=1}^{m} a_j b_{1j}$
B_2	$b_{21}, b_{22}, \cdots, b_{26}$		$\sum_{j=1}^{m} a_j b_{2j}$

续表

层次 B	层次 A		B 层次总排序权值
	$A_1, A_2, \cdots, A_6$		
	$a_1, a_2, \cdots, a_6$		
...	...		...
B_n	$b_{n1}, b_{n2}, \cdots, b_{n6}$		$\sum\limits_{j=1}^{m} a_j b_{nj}$

层次总排序检验,即

$$CI = \sum_{j}^{m} a_j \times CI_j$$
$$CR = CI/RI$$

若 $CR < 0.1$,表明层次具有满意的一致性效果。经计算 CR(层次总排序)$= 0.014\ 7$,则其通过一致性检验。

e)生态系统承载力综合值计算

根据生态承载力的内涵,通过构造线性加权函数来计算生态评价的综合值,生态系统承载力综合值 $Score(s_i)$ 的计算公式为

$$Score(s_i) = \sum_{j=1}^{n} (q_{ij} w_j)$$

式中,q_{ij} 为各指标归一化后的结果,w_j 为各评价指标的权重(表 11.41 至表 11.45)。

表 11.41 目标层判断矩阵

A	B_1	B_2	B_3
B_1	1	3	2
B_2	1/3	1	1/2
B_3	1/2	2	1

表 11.42 准则层——生态弹性力系统判断矩阵

B_1	C_1	C_2	C_3	C_4	C_5
C_1	1	2	1/4	1/3	1/5
C_2	1/2	1	1/5	1/4	1/6
C_3	4	5	1	2	1/2
C_4	3	4	1/2	1	1/3
C_5	5	6	2	3	1

表 11.43 准则层——资源环境承载力系统判断矩阵

B_2	C_6	C_7	C_8	C_9	C_{10}
C_6	1	1/4	2	1/2	1/3
C_7	4	1	5	3	2
C_8	1/2	1/5	1	1/3	1/4
C_9	2	1/3	3	1	1/2
C_{10}	3	1/2	4	2	1

表 11.44　准则层——人类社会影响力系统判断矩阵

B_3	C_{11}	C_{12}	C_{13}	C_{14}	C_{15}	C_{16}	C_{17}	C_{18}	C_{19}
C_{11}	1	4	3	1/4	2	1/2	1/3	2	2
C_{12}	1/4	1	1/2	1/6	1/3	1/4	1/5	1/3	1/3
C_{13}	1/3	2	1	1/5	1/2	1/3	1/4	1/2	1/2
C_{14}	4	6	5	1	4	3	2	4	4
C_{15}	1/2	3	2	1/4	1	1/2	1/3	1	1
C_{16}	2	4	3	1/3	2	1	1/2	2	2
C_{17}	3	5	4	1/2	3	2	1	3	3
C_{18}	1/2	3	2	1/4	1	1/2	1/3	1	1
C_{19}	1/2	3	2	1/4	1	1/2	1/3	1	1

表 11.45　迭部县生态系统承载力评价指标权重及得分

准则层	指标层	指标权重	得分
生态弹性力	年均降水量/毫米	0.046	−0.021
	年均气温/℃	0.026	−0.012
	森林覆盖率/%	0.152	−0.068
	草原覆盖率/%	0.108	−0.048
	水资源总量/立方米	0.207	0.371
资源与环境承载力	人均耕地面积/(平方米/人)	0.017	−0.016
	人均水资源量/(立方米/人)	0.063	0.018
	人均公共绿地面积/(平方米/人)	0.010	−0.009
	人均草地/(平方米/人)	0.029	0.007
	人均林地面积/(平方米/人)	0.044	0.063
人类社会影响力	人均粮食产量/(吨/人)	0.035	−0.023
	人口承载力/(人/平方千米)	0.008	0.000
	城镇化率/%	0.013	0.017
	恩格尔系数/%	0.077	0.161
	节能环保支出/百万元	0.022	−0.007
	人均 GDP/(万元/人)	0.039	−0.020
	万元 GDP 能耗/(吨标准煤/万元)	0.057	−0.036
	化学需氧量/万吨	0.022	−0.015
	二氧化硫/万吨	0.022	−0.015

4)评价结果

对各指标标准化后的数值加权求和,得到迭部县生态系统承载力、生态弹性力、资源与环境承载力和人类社会影响力得分,分别为 0.347、0.222、0.062、0.063。参照生态系统承载力评价分级(表 11.46),可以得出最终评价结果。

表 11.46　生态系统承载力评价分级

评价因素	−1～−0.6	−0.6～−0.2	−0.2～0.2	0.2～0.6	0.6～1
生态系统承载力	极弱	较弱	一般	较强	极强
生态弹性力	极不稳定	不稳定	弱稳定	较稳定	稳定
资源与环境承载力	极不可承受	不可承载	低承载	中等承载	高承载
人类社会影响力	高压	中压	弱压	弱支持	支持

由表 11.46 可知,2016 年迭部县呈现"较稳定-低承载-弱压"的状态,整体生态系统承载力表现为"较强"。

迭部县城镇规模小,城镇化水平较低,迭部县有 5 镇 6 乡,除电尕镇规模数约 1.5 万人之外,其他乡规模数都在 0.5 万人以下。迭部县经济发展表现为经济总量偏小,产业层次较低,自主创新能力不强,经济发展后劲不足。这导致人类活动对生态系统的压力和支持力都处于相对较弱状态。迭部县地表水资源丰富,全县自产水量 15.9 亿立方米,植被茂密,其中林地和草地总面积占迭部县总面积的 80% 以上,使得迭部县的生态弹性力具有一定的自我维持、自我调节及抵抗能力。一方面迭部县积极开展鼠虫害治理、实施生态保护奖励补偿措施,防止草原退化,提高生态系统承载力;另一方面,大力开展以旅游业为重点的第三产业,腊子口、俄界会议遗址、扎尕那等都是迭部县极具吸引力的旅游资源,促进迭部县经济发展。总体上,迭部县资源较为充裕,人类活动对生态的破坏程度较低,迭部县生态系统承载力处于较强的状态。

二、专项评价

《甘肃省主体功能区规划》将迭部县列为限制开发区,迭部县属于"两江一水"(白龙江,白水江,西汉水)流域,是我国秦巴生物多样性生态功能区的重要组成部分,也是长江上游的重要水源涵养区。因此,对迭部县开展重点功能区评价的水源涵养评价。

《全国主体功能区规划》将秦巴生物多样性生态功能区列为国家重点生态功能区,长江上游"两江一水"流域是我国秦巴生物多样性生态功能区的重要组成部分,迭部县处在长江上游"两江一水"流域。因此,对迭部县开展生物多样性维护评价。

1. 水源涵养评价

1)评价指标及内涵

在《资源环境承载能力监测预警技术方法(试行)》的专项评价中,针对水源涵养生态功能区,采用水源涵养功能指数进行评价。计算生态系统单位面积的水源涵养量,与单位面积降水量进行比较,根据值的大小进行分级,进而明确生态系统功能等级。

2)评价方法

a)水源涵养量

采用水量平衡方程来计算水源涵养量,主要与降水量、蒸散发、地表径流量和植被覆盖类型等因素密切相关。

$$TQ = \sum_{i=1}^{j} (P_i - R_i - ET_i) \cdot A_i$$

式中,TQ 为总水源涵养量(立方米),P_i 为降水量(毫米),R_i 为地表径流量(毫米),ET_i 为实际蒸散发量(毫米),A_i 为第 i 类生态系统的面积;i 为研究区第 i 类生态系统类型;j 为研究区生态系统类型数。

——地表径流量(R_i)。 地表径流量由降水量乘以地表径流系数获得,计算公式为

$$R = P \times a$$

式中,R 为地表径流量(毫米);P 为年降水量(毫米),a 为平均地表径流系数,如表 11.47 所示。

表 11.47　各类型生态系统地表径流系数均值

一级生态系统类型	二级生态系统类型	平均径流系数/%
森林	常绿阔叶林	2.67
	常绿针叶林	3.02
	针阔混交林	2.29
	落叶阔叶林	1.33
	落叶针叶林	0.88
	稀疏林	19.20
灌丛	常绿阔叶灌丛	4.26
	落叶阔叶灌丛	4.17
	针叶灌丛	4.17
	稀疏灌丛	19.20
草地	草甸	8.20
	草原	4.78
	草丛	9.37
	稀疏草地	18.27
湿地	湿地	0.00

——实际蒸散发。根据刘晓清等(2012)的研究成果(《秦岭生态功能区森林水源涵养功能的经济价值估算》),通过气象观测所得到的经验,在秦巴地区蒸散量为降水量的 75%,此成果在秦巴山区得到应用,也被广泛引用在其他研究成果中。迭部县也属于秦巴山区,因此选用此方法来计算迭部县的实际蒸散发。

b)水源涵养功能指数

水源涵养功能指数用单位面积水源涵养量与单位面积降水量的比值来表示(表 11.48)。

表 11.48　水源涵养评价分级

评价因素	<3%	3%~10%	>10%
水源涵养功能指数	低	中	高

3)评价结果

根据上述公式计算得出,迭部县 2016 年单位面积水源涵养量为 111.76 毫米,与降水量相比得到水源涵养功能指数为 17.26%,说明迭部县的水源涵养功能处于"高"。水源涵养较高的地区主要集中在以针阔混交林覆盖为主的区域,主要原因在于这些地区林地覆盖度高,虽然蒸发作用强烈,但是雨水截留量大,径流产生少,土壤保水能力高,因而水源涵养量较高。水源涵养功能次高的地区主要集中在以草地覆盖为主的区域,与有林地相比,其蒸腾作用相对较弱,但土壤的蓄水能力也较弱,并且易产生地表径流。白龙江贯穿全县境内 110 千米,来自岷、迭两山 10 余条支流汇入江内,地表水资源丰富。

迭部县积极开展鼠虫害治理、实施草原生态保护奖励禁牧休牧制度,但部分草原呈现遍地黄花和紫花,超载放牧的现象仍然存在,导致全县草原退化呈上升趋势。迭部县地处偏远,境内工业企业较少,所以从 20 世纪 50 年代起就确立了林业经济的发展道路,主要以砍伐林木输出原木为主,但长期的超量采伐,森林生态系统遭到破坏,森林资源骤减。植被发生退化、覆盖度减少,导致土壤物理性质发生改变,进而降低生态系统的水源涵养能力。因此推进天然林草保护、退耕还林和围栏封育,治理水土流失,维护或重建湿地、森林、草原等生态系统。严格保护具有水源涵养功能的自然植被,禁止过度放牧、无序采矿、毁林开荒、开垦草原等行为,提高生态系统的水源涵养能力。

2. 生物多样性维护评价

1)评价指标及内涵

在《资源环境承载能力监测预警技术方法(试行)》的专项评价中,针对生物多样性维护生态功能区,采用自然栖息地质量指数进行评价。计算自然栖息地的质量状况,根据值的大小进行分级,进而评估生态系统功能等级。

2)评价方法

a)自然栖息地面积比例

自然栖息地面积比例计算包括森林、灌丛、草地和湿地等自然生态系统的面积占评价区总面积的比例,计算公式为

$$P_{nh} = \sum_{i=1}^{n} P_i$$

式中,P_{nh}为自然生态系统面积比例,P_i为i类自然生态系统的面积比例,包括森林(扣除人工林)、灌丛、草地与湿地面积。统计各类生态系统面积比例如表 11.49 所示。

表 11.49　各类生态系统面积比例

类型	森林	草地	湿地	比例/%
面积/公顷	273 074.58	151 533.34	2 780.64	83.67

b)自然栖息地面积比例分级

按照自然栖息地面积比例进行分级,分为高、中和低三个等级(表 11.50)。

表 11.50　自然栖息地质量指数分级

评价因素	<50%	50%~75%	>75%
自然栖息地质量指数	低	中	高

3)评价结果

根据上述公式计算得出,迭部县 2016 年自然栖息地占全县土地总面积的比例为 83.67%,根据表 11.50 的等级划分,迭部县自然栖息地质量指数为"高",说明迭部县具有维护生物多样性丰富的基础。水热充沛、海拔相对高差大、无霜期长的气候,造就了迭部县丰富多样的动植物资源。迭部县是甘肃省重要的林业生产区,林业资源丰富,森林覆盖率达 60% 以上,活立木蓄积量为 4 700 万立方米;除主要农畜产品外,野生经济作物和菌类资源的种类丰富,分布较广,主要有沙棘、蕨菜、木耳等山珍野味及贝母、秦艽等近千种药用植物,还分布着极少量的国家一级保护植物、被中医界称为征服癌症的"希望之树"——红豆杉。迭部县栖息着大熊猫、金钱豹、梅花鹿等国家三类以上保护动物 27 种。

近年来林地和草地面积在减少,因此,减少载畜量,停止开垦,禁止过度放牧,实施生态移民,减少林木采伐,恢复山地植被,保护野生物种,扩大天然林保护范围,恢复森林植被,在已明确的保护区域保护多种珍稀动植物基因库等措施,保护自然生态系统与重要物种栖息地,防止生态建设导致栖息环境的改变,使得生物多样性得到切实保护。

三、集成评价

针对迭部县陆域评价中土地资源、水资源、环境和生态评价结果,遴选集成评价指标,形成超载类型划分的集成评价体系,开展相应的过程评价,完成预警等级的划分。

1. 超载类型划分

迭部县采用"短板效应"原理法和综合加权法确定资源环境的超载类型。

1)方法一:"短板效应"原理确定超载类型

a)技术方法

根据《资源环境承载能力监测预警技术方法(试行)》中规定,在陆域评价与专项评价的基础上,遴选集成指标,采用"短板效应"原理确定超载、临界超载、不超载3种超载类型,并复合迭部县评价结果,校验超载类型,最终形成超载类型划分方案。

b)集成指标遴选

集成指标是资源环境超载类型划分的依据,根据《资源环境承载能力监测预警技术方法(试行)》要求,结合迭部县实际情况,本研究集成指标包括6个陆域评价指标,指标项具体如表11.51所示。

整理迭部县陆域指标评价结果,如表11.52所示。

表11.51　超载类型划分中的集成指标及分级

指标来源		指标名称	指标分级		
陆域评价	基础评价	土地资源	土地资源压力指数	压力大	压力中等	压力小
		水资源	水资源开发利用量	超载	临界超载	不超载
		环境	污染物浓度超标指数	超载	临界超载	不超载
		生态	生态系统承载力	健康度低	健康度中等	健康度高
	专项评价	水源涵养	水源涵养功能指标	健康度低	健康度中等	健康度高
		生物多样性维护	自然栖息地质量指数	健康度低	健康度中等	健康度高

表11.52　迭部县陆域指标评价结果统计

评价指标	基础评价				专项评价	
	土地资源压力指数	水资源开发利用量	污染物浓度超标指数	生态系统承载力	水源涵养功能指数	自然栖息地质量指数
评价结果	压力小	不超载	不超载	较强	高	高

c)评价原则

在陆域基础评价、专项评价的基础上,采取"短板效应"原理进行综合集成。集成指标中任意1个超载或2个以上临界超载,确定为超载类型;任意1个临界超载,确定为临界超载类型;其余为不超载类型。

由表11.52所示,迭部县的6个评价指标均为不超载,因此迭部县综合评价为"不超载"。

2)方法二:综合加权确定超载类型

a)技术方法

《资源环境承载能力监测预警技术方法(试行)》提出采用"短板效应"原理来确定超载类

型,但在研究过程中发现,根据"短板效应"原理综合集成划分资源环境超载类型时,不能全面地体现地区评价结果,也不能反映出影响地区超载类型划分的主要因素。

因此,在充分考虑迭部县县情的基础上,为了更加客观真实地体现资源环境承载状况和超载程度,本研究拟采取综合加权的方法对基础评价和专项评价结果进行集成分析,得出"综合超载指数",通过综合超载指数来对地区资源环境的超载类型进行划分。其具体方法如下:

第一步:评价结果统一赋值。对基础评价和专项评价各项指标的评价结果赋值,"超载"赋值为2,"临界超载"赋值为1,"不超载"赋值为0。

第二步:评价指标赋予权重。综合考虑基础评价和专项评价的指标,采用专家打分法对不同指标赋予相应的权重。其中,基于生态文明建设的重要性,环境污染物浓度超标指数是直接影响生态环境和人类健康的重要指标,迭部县重视环境的保护和治理,在资源环境承载能力集成评价中应适当增加"污染物浓度超标指数"的权重。各评价指标具体权重分配如表11.53所示。

表11.53 评价指标权重分配

评价指标	基础评价				专项评价	
	土地资源压力指数	水资源开发利用量	污染物浓度超标指数	生态系统承载力	水源涵养功能指数	自然栖息地质量指数
权重	20%	15%	25%	20%	10%	10%

第三步:确定超载界线。加权算得"综合超载指数"范围在0~2。当"综合超载指数"≥1.0时,确定为超载类型;"综合超载指数"介于0.8~1.0(不含1.0)时,确定为临界超载类型;"综合超载指数"<0.8时,确定为不超载类型。

第四步:加权计算。各项指标的权重和评价结果赋值的乘积相累加,加权计算得到"综合超载指数"。

第五步:得出结论。以"综合超载指数"为评价依据,根据超载界线评价标准,划分超载类型,得出集成结论。

基于以上"综合超载指数"原理,确定超载、临界超载、不超载3种超载类型,形成超载类型划分方案。

b)集成指标遴选

根据《资源环境承载能力监测预警技术方法(试行)》要求,本研究集成指标包括6个陆域评价指标,指标项具体如表11.54所示。

表11.54 超载类型划分中的集成指标及分级

指标来源		指标名称	指标分级		
陆域评价	基础评价	土地资源	土地资源压力指数	压力大	压力中等	压力小
		水资源	水资源开发利用量	超载	临界超载	不超载
		环境	污染物浓度超标指数	超载	临界超载	不超载
		生态	生态系统承载力	健康度低	健康度中等	健康度高
	专项评价	水源涵养	水源涵养功能指数	健康度低	健康度中等	健康度高
		生物多样性维护	自然栖息地质量指数	健康度低	健康度中等	健康度高

整理迭部县陆域指标评价结果,如表11.55所示。

表 11.55 迭部县陆域指标评价结果统计

评价指标	基础评价				专项评价	
	土地资源压力指数	水资源开发利用量	污染物浓度超标指数	生态系统承载力	水源涵养功能指数	自然栖息地质量指数
评价结果	压力小	不超载	不超载	较强	高	高

采取综合加权的集成评价方法,将各指标评价结果为超载的赋值为 2,临界超载赋值为 1,不超载赋值为 0,同时根据各指标评价的赋值,加权计算迭部县资源环境"综合超载指数",最后集成分析确定超载类型(表 11.56)。

表 11.56 综合超载指数和超载类型集成

评价指标	基础评价				专项评价	
	土地资源压力指数	水资源开发利用量	污染物浓度超标指数	生态系统承载力	水源涵养功能指数	自然栖息地质量指数
评价结果	0	0	0	0	0	0

采用综合加权的方法,得到迭部县"综合超载指数"为 0.0(≤0.8),确定为"不超载"类型。

2. 预警等级划分

针对超载类型划分结果,开展过程评价,根据资源环境耗损的加剧或趋缓态势,划分红色预警、橙色预警、黄色预警、蓝色预警、绿色无预警 5 级警区。

1)过程评价

陆域过程评价通过资源环境耗损指数反映。该指数由资源利用率变化(土地资源利用效率和水资源利用效率)、污染物排放强度变化(水污染物排放强度和大气污染物排放强度)和生态质量变化 3 项指标集合而成。

陆域资源环境评价耗损指数是人类生产生活过程中的资源利用效率、污染排放强度及生态质量变化的集合,是反映陆域资源环境承载状况变化及可持续的重要指标。《资源环境承载能力监测预警技术方法(试行)》中资源利用效率变化的计算分别采用行政区域内单位 GDP 的建设用地面积变化和单位 GDP 的用水总量来表示。同时,基于实际数据获取情况,资源利用效率变化数据层选用 5 年平均增速(2012—2016 年),污染物排放强度变化数据层选用 5 年平均增速(2013—2017 年)。迭部县陆域资源环境耗损指数测度指标划分如表 11.57 所示,迭部县陆域资源环境耗损指数类别划分标准如表 11.58 所示。

表 11.57 迭部县陆域资源环境耗损指数测度指标划分

概念层	类别层	指标层(关键指标)	数据层
资源环境耗损指数	资源利用效率变化	土地资源利用效率变化(农业用地)	9 年平均增速
		水资源利用效率变化	10 年平均增速
	污染物排放强度变化	大气污染物排放强度变化(二氧化硫、氮氧化物)	5 年平均增速
		水污染物排放强度变化(化学需氧量、氨氮)	5 年平均增速
	生态质量变化	林草覆盖率变化	6 年平均增速

表 11.58　迭部县陆域资源环境耗损指数类别划分标准

名称	类别	指标	分类标准
资源利用	低效率	变化趋差	二类速度指标均低于全国平均水平
效率变化	高效率	变化趋良	除上述情况外的其他情况
污染物排	高强度类	变化趋差	至少三类强度指标均高于全国平均水平
放强度变化	低强度类	变化趋良	除上述情况外的其他情况
生态质量	低质量类	变化趋差	林草覆盖率年均增速低于全国平均水平
变化	高质量类	变化趋良	林草覆盖率年均增速不低于全国平均水平

a)资源利用效率变化

——土地资源利用效率变化。

土地资源利用效率变化的计算公式为

$$L_e = \sqrt[9]{\frac{\left(\dfrac{L_{2016}}{GDP_{2016}}\right)}{\left(\dfrac{L_{2008}}{GDP_{2008}}\right)}} - 1$$

式中，L_e 为年均农业土地资源利用效率增速(基准年为 2008 年)，L_{2008} 为 2008 年行政区域内的农业用地面积，GDP_{2008} 为 2008 年的农业 GDP，L_{2016} 为 2016 年行政区域内的农业用地面积，GDP_{2016} 为 2016 年的农业 GDP。

现收集到迭部县 2008 年至 2016 年 9 年的单位农业 GDP 农业用地面积，来源于《迭部县统计年鉴》(2008—2016 年)。计算迭部县 2008—2016 年农业土地资源利用效率年均增速 L_e 为 0.028，略高于全国平均水平(0.023)，迭部县的农业用地土地资源利用效率增速略高于全国农业用地土地资源利用效率增速。

——水资源利用效率变化。

水资源利用效率变化的计算公式为

$$W_e = \sqrt[10]{\frac{\left(\dfrac{W_{2006}}{GDP_{2006}}\right)}{\left(\dfrac{W_{2015}}{GDP_{2015}}\right)}} - 1$$

式中，W_e 为年均水资源利用效率增速(基准年为 2006 年)，W_{2006} 为 2006 年行政区域内的用水量，GDP_{2006} 为 2006 年的 GDP，W_{2015} 为 2015 年行政区域内的用水量，GDP_{2015} 为 2015 年的 GDP。

根据迭部县数据情况，选取 2006 年和 2015 年迭部县用水总量及 GDP 作为水资源利用效率核算的基本数据，经计算，迭部县水资源利用效率 W_e 为 0.15，高于全国平均水平(−0.103)。迭部县的水资源利用效率增速高于全国用水水资源利用效率增速。

基于农业用地土地资源、水资源利用效率变化结果，两类农业资源利用效率均呈增加趋势，其中农业用地土地资源利用效率增速高于全国平均水平，水资源利用效率增速高于全国平均水平。综合两类指标计算结果，得到迭部县资源利用效率变化类别为"高效率"，指标为"变化趋良"。

b)污染物排放强度变化

——大气污染物排放强度变化。

大气污染物(二氧化硫)排放强度变化的计算公式为

$$S_e = \sqrt[5]{\frac{\left(\dfrac{S_{2017}}{GDP_{2017}}\right)}{\left(\dfrac{S_{2013}}{GDP_{2013}}\right)}} - 1$$

式中，S_e 为年均二氧化硫排放强度增速（基准年为 2013 年），S_{2017} 为 2017 年二氧化硫的排放量，S_{2013} 为 2013 年二氧化硫的排放量。

大气污染物（二氧化氮）排放强度变化的计算公式为

$$D_e = \sqrt[5]{\frac{\left(\dfrac{D_{2017}}{GDP_{2017}}\right)}{\left(\dfrac{D_{2013}}{GDP_{2013}}\right)}} - 1$$

式中，D_e 为年均二氧化氮排放强度增速（基准年为 2013 年），D_{2017} 为 2017 年二氧化氮的排放量，D_{2013} 为 2013 年二氧化氮的排放量。

根据迭部县 2013—2017 年二氧化硫、二氧化氮排放量，经计算，迭部县二氧化硫、二氧化氮排放强度增速分别为 -0.137 和 -0.263，均低于全国平均水平（-0.089 和 -0.112）。

——水污染物排放强度变化。

水污染物（化学需氧量）排放强度变化的计算公式为

$$C_e = \sqrt[5]{\frac{\left(\dfrac{C_{2017}}{GDP_{2017}}\right)}{\left(\dfrac{C_{2013}}{GDP_{2013}}\right)}} - 1$$

式中，C_e 为基准年水污染物（化学需氧量）排放强度增速（基准年为 2013 年），C_{2017} 为 2017 年水污染物（化学需氧量）的排放量，C_{2013} 为 2013 年水污染物（化氨氮）的排放量。

水污染物（氨氮）排放强度变化的计算公式为

$$D_e = \sqrt[5]{\frac{\left(\dfrac{D_{2017}}{GDP_{2017}}\right)}{\left(\dfrac{D_{2013}}{GDP_{2013}}\right)}} - 1$$

式中，D_e 为基准年水污染物（氨氮）排放强度增速（基准年为 2013 年），D_{2017} 为 2017 年水污染物（氨氮）的排放量，D_{2013} 为 2013 年水污染物（氨氮）的排放量。

根据迭部县 2013—2017 年化学需氧量，经计算，迭部县化学需氧量、氨氮排放强度增速分别为 -0.113 和 -0.115。化学需氧量、氨氮排放强度增速均低于全国平均水平（-0.079，-0.082）。

基于大气污染物（二氧化硫、氮氧化物）和水污染物（化学需氧量、氨氮）排放强度变化结果表明，迭部县大气（二氧化硫、氮氧化物）和水污染物（化学需氧量、氨氮）排放强度均呈下降趋势，并且排放强度增速均低于全国平均水平。综合两类指标计算结果，得到迭部县污染物排放强度变化类别为"低强度类"，指标为"变化趋良"。

c）生态质量变化

林草覆盖率变化速率的计算公式为

$$E_e = \sqrt[6]{\frac{E_{2016}}{E_{2011}}} - 1$$

式中，E_e 为林草覆盖率年均增速（基准年为 2011 年），E_{2016} 为 2016 年林草覆盖率，E_{2011} 为 2011 年林草覆盖率。

基于统计数据，迭部县整体植被生长状况在 2011—2016 年呈现缓慢下降趋势，林草覆盖率平均变化速率为 −0.005 3，低于全国平均水平（0.008 7）。因此，迭部县生态质量变化类别为"低质量类"，指标为"变化趋差"。

根据资源利用效率变化、污染物排放强度变化、生态质量变化三个类别的匹配关系，得到不同类型的资源环境耗损指数。其中，三项指标中两项或三项指标均变差的区域为资源环境加剧型，两项或三项均有所好转的区域，为资源环境耗损趋缓型。

迭部县资源利用效率变化类别为"高效率"，指标为"变良"；污染物排放强度变化类别为"低强度类"，指标为"变化趋良"；生态质量变化类别为"低质量类"，指标为"变化趋差"。综上，迭部县为资源环境耗损"趋缓型"。

2）预警等级划分结果

a）预警等级划分原则

在超载类型和资源环境耗损类型划分结果的基础上，对超载类型进行预警等级划分，如图 11.10 所示。将资源环境耗损加剧的超载区域定为红色预警区（极重警），资源环境耗损趋缓的超载区域定为橙色预警区（重警），资源环境耗损加剧的临界超载区域定为黄色预警区（中警），资源环境耗损趋缓的临界超载区域定为蓝色预警区（轻警），不超载的区域定为绿色无警区（无警）。

b）预警等级划分结果

根据预警等级划分原则，对迭部县开展预警等级划分，迭部县资源环境承载能力为"绿色无警区"。

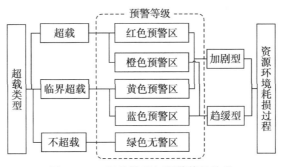

图 11.10 超载类型与预警等级关系

第十二章　国土空间开发适宜性评价

一、技术方法

国土空间开发适宜性评价，是利用地理空间基础数据，在核实与补充调查基础上，采用统一方法对迭部县全域空间进行建设开发适宜性评价，确定最适宜开发、较适宜开发、较不适宜开发和最不适宜开发的区域。

迭部县国土空间开发适宜性评价技术路线如图12.1所示。

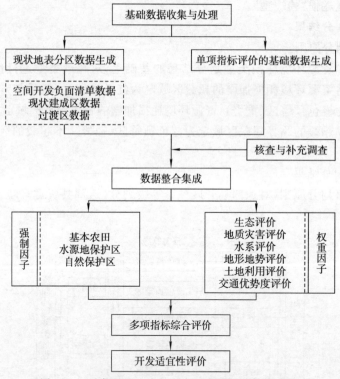

图 12.1　迭部县国土空间开发适宜性评价技术路线

（1）根据迭部县主体功能定位，首先进行基础数据的收集、整理、分析与处理，建立评价底图数据库。

（2）然后分别对强制因子和权重因子进行评价，即单项指标评价，经综合集成后，形成多项指标综合评价结果。

（3）最后结合现状地表实际情况，得出国土空间开发适宜性评价结果。

二、现状地表分区数据

迭部县现状地表分区数据由迭部县空间开发负面清单数据、现状建成区数据与过渡区数据整理生成。首先,遴选出空间开发负面清单和现状建成区;其次,将剩余区域作为过渡区,叠加坡度数据,进行三个类型划分,分别为以农业为主的 I 型过渡区、以天然生态为主的 II 型过渡区及以地表破坏较大的露天采掘场等为主的 III 型过渡区。

1. 空间开发负面清单数据

以迭部县地理数据为基础,结合基本农田、生态保护红线等各类保护、禁止(限制)开发区界线资料,确定空间开发负面清单类别与范围,形成负面清单数据。

2. 现状建成区数据

整合各类客观反映现状建设实际情况的数据,生成现状建成区数据。

3. 过渡区数据

去除现状建成区和空间开发负面清单,并结合坡度数据,提取形成过渡区数据。具体内容如下所述。

(1) I 型过渡区数据:包括果园、茶园、桑园、橡胶园、苗圃、花圃、其他园地、温室、大棚、场院、晒盐池、房屋建筑区、广场、硬化地表、水工设施、固化池、工业设施、其他构筑物、建筑工地及坡度在 25°及以下的水田和旱地等。

(2) II 型过渡区数据:包括乔木林、灌木林、乔灌混合林、竹林、疏林、绿化林地、人工幼林、稀疏灌丛、天然草地、人工草地、沙障、堆放物、其他人工堆掘地、盐碱地表、泥土地表、沙质地表、砾石地表、岩石地表,以及坡度大于 25°的水田和旱地等。

(3) III 型过渡区数据:露天采掘场。

三、单项指标评价

1. 强制因子评价

迭部县国土空间开发适宜性评价的强制因子包括永久基本农田、水源地、自然保护区、生态保护红线四个单因子(图 12.2 至图 12.5)。

水源地因子包括迭部县一级和二级水源地保护区。

自然保护区包括迭部县阿夏自然保护区、腊子口国家森林公园、扎尕那国家地质公园、多儿自然保护区、洮河自然保护区。

2. 权重因子评价

1)地形地势因子评价

地形地势因子评价包括坡度、地势两个因子,评价分级标准如表 12.1 所示。

图 12.2　迭部县永久基本农田因子评价结果

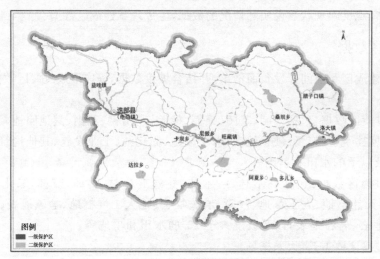

图 12.3　迭部县饮用水源地保护区因子评价结果

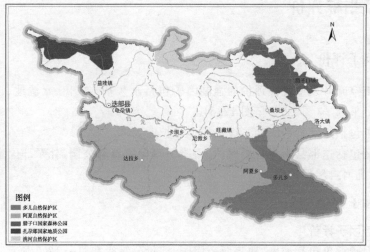

图 12.4　迭部县自然保护区因子评价结果

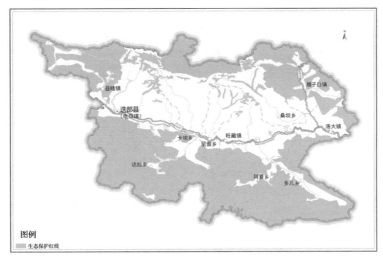

图 12.5 迭部县生态保护红线因子评价结果

表 12.1 迭部县地形地势评价分级标准

因子	适宜	较适宜	中等	较不适宜	不适宜
坡度/(°)	坡度≤5	5～10	10～15	15～25	＞25
地势/米	≤2 400	2 400～2 800	2 800～3 200	3 200～3 800	＞3 800

地形地势因子评价由坡度(图 12.6)和地势(图 12.7)因子叠加分析所得,迭部县地形地势因子评价结果如图 12.8 所示。不适宜开发面积主要分布在北部、南部地区,该部分地区地势较高、坡度较大,不适宜开发建设;适宜开发面积主要分布在迭部县中部沿白龙江河谷地区,坡度较小,地势范围为 1 620～2 400 米,适合开发建设。

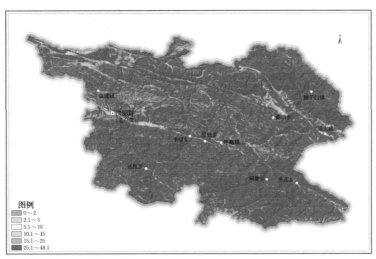

图 12.6 迭部县坡度因子评价结果

2)水系因子评价

根据迭部县水系分布情况及迭部县实际情况,划定水系 15 米、30 米、50 米范围,分别为不适宜、较不适宜、中等适宜,其他区域为适宜区(图 12.9)。

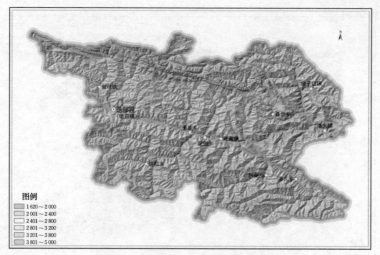

图 12.7　迭部县地势因子评价结果

图 12.8　迭部县地形地势因子评价结果

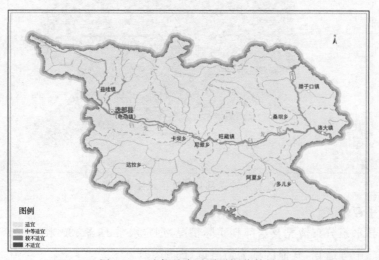

图 12.9　迭部县水系因子评价结果

3）交通优势度评价

对迭部县全县域交通优势度进行评价。交通优势评价采用交通网络密度和交通干线影响作为评价指标,通过区域基础设施网络发展水平、干线(或通道)支撑能力集成反映。迭部县无铁路和高速公路,道路主要由两条国道和县乡道路组成。

公路影响度:适宜:<250 米;较适宜:250～500 千米;中等适宜:500～800 千米;不适宜:>800 千米。

从评价结果来看,迭部县中部及东部区域交通优势度明显,应加大南部及北部区域的交通基础建设(图 12.10)。

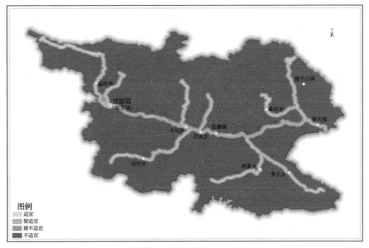

图 12.10   迭部县交通影响因子评价结果

4）土地利用因子评价

根据不同用地类型,划定开发建设适宜程度。

适宜:城镇建设用地;中等适宜:一般农用地;较不适宜:牧业用地、独立工矿区、林业用地、自然保留地;不适宜:基本农田、风景旅游用地、生态环境安全控制区、自然与文化遗产保护区(图 12.11)。

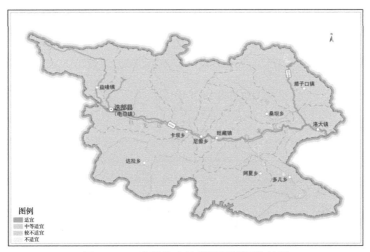

图 12.11   迭部县土地利用因子评价结果

5)地质灾害因子评价

由于迭部县山大沟深、坡陡水急,迭部县地质灾害比较发育,主要以滑坡、崩塌、泥石流为主。根据迭部县地质灾害防治区,开展迭部县地质灾害因子评价。评价标准:重点防治区划分为不适宜开发地区,一般防治区划分为中等适宜开发地区,其他区域划分为适宜开发地区(表12.2,图12.12)。

表 12.2 迭部县地质灾害防治区

地质灾害防治区	所在地段	范围	地质灾害特征
重点防治区(A)	当多-白云段(A_1)	益哇镇境内	本段地质灾害以滑坡、崩塌、泥石流为主,段内分布有滑坡灾害1处,崩塌和泥石流灾害各2处,为高易发区,威胁人口182人,预估直接经济损失1040万元
	益哇沟段(A_2)	益哇镇境内	本段地质灾害以滑坡、崩塌为主,段内分布有崩塌灾害2处,滑坡灾害4处,均为高易发区,威胁人口5422人,预估直接经济损失2407万元
	哇坝沟段(A_3)	电尕镇境内	本段地质灾害以滑坡、崩塌、泥石流为主,段内分布有3处崩塌灾害,5处滑坡灾害和5处泥石流灾害,均为高易发区,威胁人口3497人,预估直接经济损失5903万元
	卡坝沟段(A_4)	卡坝乡境内	本段地质灾害以滑坡、崩塌为主,段内分布有3处崩塌灾害和4处滑坡灾害,均为高易发区。威胁人口206人,预估直接经济损失1074万元
	达拉沟段(A_5)	达拉乡境内	本段地质灾害以滑坡、崩塌为主,段内共分布有15处,均为高易发区。威胁人口10人,预估直接经济损失777万元
	尖尼沟段(A_6)	尼傲乡境内	本段地质灾害以滑坡、崩塌、泥石流为主,段内分布有1处崩塌灾害、4处滑坡灾害和3处泥石流灾害,均为高易发区。威胁人口555人,预估直接经济损失1161万元
	旺藏-花园段(A_7)	旺藏镇境内	本段地质灾害以滑坡、崩塌、泥石流为主,段内分布有7处崩塌灾害、7处滑坡灾害和10处泥石流灾害,均为高易发区。威胁人口726人,预估直接经济损失3402万元
	代古寺-洛大段(A_8)	洛大镇境内	本段地质灾害以滑坡、崩塌、泥石流为主,段内分布有4处崩塌灾害、4处滑坡灾害和7处泥石流灾害,均为高易发区。威胁人口760人,预估直接经济损失3995万元
	桑坝沟段(A_9)	桑坝乡境内	本段地质灾害以滑坡、崩塌、泥石流为主,段内分布有2处崩塌灾害、3处滑坡灾害和10处泥石流灾害,均为高易发区。威胁人口620人,预估直接经济损失1706万元
	腊子沟段(A_{10})	腊子口镇境内	本段地质灾害以滑坡、崩塌、泥石流为主,段内分布有9处崩塌灾害、3处滑坡灾害和4处泥石流灾害,均为高易发区。威胁人口786人,预估直接经济损失3937.8万元

地质灾害防治区	所在地段	范围	地质灾害特征
一般防治区（B）	当多-益哇沟段（B_1）	益哇镇境内	紧靠高易发区，段内有常住居民，人类工程活动频繁，有引发地质灾害活动的潜在可能性和承灾对象，为中易发区
	哇坝沟-根古段（B_2）	电尕镇境内	
	卡坝沟（B_3）	卡坝乡境内	
	尖尼沟段（B_4）	尼傲乡境内	
	达拉沟段（B_5）	旺藏镇境内	本段地质灾害以滑坡为主，分布有滑坡灾害1处，为中易发区，威胁人口19人，预估直接经济损失30万元
	旺藏-花园段（B_6）	旺藏镇境内	本段地质灾害以泥石流为主，分布有泥石流灾害1处，为中易发区，威胁人口7人，预估直接经济损失26万元
	阿夏沟-多儿沟段（B_7）	阿夏、多儿乡境内	本段地质灾害以滑坡、崩塌为主，段内分布有6处崩塌灾害和1处滑坡灾害，为中易发区，威胁人口33人，预估直接经济损失342.5万元
	代古寺-洛大段（B_8）	洛大镇境内	紧靠高易发区，有常住居民，人类工程活动频繁，有引发地质灾害活动的潜在可能性和承灾对象，为中易发区
	桑坝沟段（B_9）	桑坝乡境内	
	腊子沟段（B_{10}）	腊子口镇境内	本段地质灾害以滑坡、崩塌、泥石流为主，为中易发区
一般防治区（C）	—	白龙江南、北两侧的各支流的上游地段	该区内人口稀少，人类工程活动对地质环境的影响较小，地质灾害危害极小，为低易发区

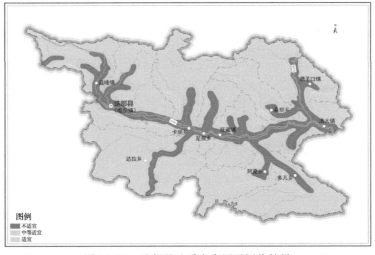

图 12.12 迭部县地质灾害因子评价结果

6)生态评价

迭部县生态评价的评价因子采用植被覆盖度因子进行评价,如图 12.13 所示。

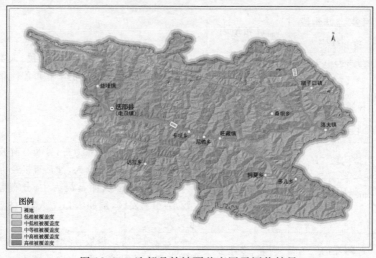

图 12.13　迭部县植被覆盖度因子评价结果

迭部县植被覆盖度因子评价结果:迭部县裸地面积占总面积的 0.12%,低植被覆盖度面积占总面积的 2.02%,中低植被覆盖度面积占总面积的 5.15%,中等植被覆盖度面积占总面积的 61.11%,中高植被覆盖度面积占总面积的 31.16%,高植被覆盖度面积占总面积的 0.45%。

四、多项指标综合评价

1. 评价准则

基于各单项指标评价的分级结果,综合划分多项指标综合评价等级。多项指标综合评价等级按取值由高至低可划分为一级、二级、三级和四级。其中一级表示区域土地适宜开发程度最高,四级表示区域土地适宜开发程度最低。集成评价应遵循的基本准则如下:

(1)等级高值区应具有较好的地形地势条件,即海拔和坡度适宜土地开发。

(2)等级高值区受到自然灾害的制约作用较小,即灾害危险性特征值较低的区域,适宜土地开发。

(3)等级高值区具有良好的交通、区位条件,人均后备可利用土地资源丰富,经济发展水平高,人口聚集度程度高。

2. 评价方法

通过单项指标复合分析和集成评价,确定多项指标综合评价的结果和级别。

3. 评价步骤

第一步,单项指标复合分析。将各单项指标的评价结果进行加权求和分析后,生成复合

图,供集成评价使用。其公式为

$$F_{\text{叠加分析}} = \sum_{i=0}^{n} \lambda_i \cdot f_i$$

式中,$F_{\text{叠加分析}}$ 为多项指标综合评价值,i 为各单项指标,f_i 为各单项指标评价值,λ_i 为各单项指标权重值,n 为单项指标数量。

第二步,集成评价。将第一步评价形成的复合结果最大值进行四等分,划定相应等级。

4. 开发适宜性评价

基于各单项指标及多项指标综合评价结果,结合迭部县现状地表实际情况,划分全域开发适宜性等级。共分为四个等级,一等为最适宜开发,二等为较适宜开发,三等为较不适宜开发,四等为最不适宜开发。开发适宜性评价应遵循的基本准则如下:

(1)土地开发利用难度越大,不可利用数量越多,并且空间分布集中连片,开发适宜性等级越低。

(2)空间开发负面清单所在区域,保护区的核心区,开发适宜性为最低值区。

(3)已开发形成的现状建成区保留原有评价等级。

迭部县国土空间开发适宜性评价结果(图 12.14)如下:适宜开发土地总面积为 100.7 平方千米,主要分布在迭部县县城及其周边部分区域,该区域靠近白龙江的河谷地带,地势相对平坦,水资源丰富,交通便利,适宜开发建设;较适宜开发土地总面积为 383.6 平方千米,主要分布在迭部县北部和中部靠近白龙江及其支流的沟谷地带的部分区域;较不适宜开发土地总面积为 1 654.7 平方千米,主要分布在迭部县中北部地区,该区域海拔地势较高、坡度大、交通不便,土地开发利用难度较大;不适宜开发土地总面积为 2 969.0 平方千米,主要分布在迭部县北部和南部地区,这些区域为迭部县的自然保护区及生态保护红线区域,不适合开发建设(表 12.3)。

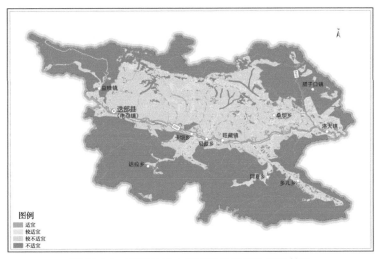

图 12.14　迭部县国土空间开发适宜性评价结果

表 12.3　迭部县国土空间开发适宜性评价结果

开发适宜性分级	面积/平方千米
适宜	100.7
较适宜	383.6
较不适宜	1 654.7
不适宜	2 969.0

第十三章　成因解析及政策预研

一、土地资源

1. 成因解析

迭部县土地资源评价结果为"压力小",原因包括该县土地利用主要以林地和天然草地为主,并且人口少,截至2017年底,该县有5.4万人。说明该县遵循土地资源的生产规律,发挥其无限的利用潜力。而且,目前以旅游和农牧业为主,工业化程度低,环境十分优美,土地资源承载力空间较大。

2. 政策预研

1)增加土地单位面积的产出

未开垦的耕地面积毕竟有限,并且在国家倡导"退耕还林还草"的形势下,扩大耕地具有明显的局限性,因而应努力提高土地单位面积的产出。对于种植业提高单产有多种途径,扩大灌溉面积、增加复种指数、增施化肥并完善化肥施用结构及有效防治病虫害都将有助于粮食单产的提高。对于畜牧业,今后的发展,应扭转长期超载过牧和不合理经营的状况,走可持续的发展道路,同时注重经济效益和生态效益,多层次、多方位发展草地产业。

2)合理开发高效利用资源

迭部县加快资源的开发和利用对于提高土地承载力的效果显著,但不应是只顾眼前利益、忽视环境后果的开发和利用。对于短缺性资源,例如,耕地应采取节约与开源相结合的方针;对于维持生态系统功能有重要贡献的资源,例如,草地、森林资源,应是在保护的前提下开发;对于生态环境有损害的资源开发,应在严格执行污染物的排放标准和环境治理标准下开发。对于资源利用,要转变传统的资源利用观,要利用现代技术大力推进资源向深度和广度发展,大力提高资源的利用率。积极推进封山育林、中幼林抚育、退耕还林成果巩固补植、薪炭林建设和林产品基地建设。

3)保持土地合理利用状态

为了保持迭部县土地合理利用状态,促进可持续发展,建议采取以下措施。一方面,迭部县应继续实施退耕还林还草政策,在不适于农作物生长的高海拔地区、易造成水土流失的高山峡谷坡地严格执行退耕还林还草政策。另一方面,应集约节约发展水利设施用地、交通运输用地,防止各类建设破坏草场和污染水域。同时,应合理增加居民点用地,以加快牧民定居点建设,促进迭部县城镇化进程,从而降低牧区的生态承载能力。

二、水资源

1. 成因解析

迭部县水资源评价结果为"不超载",主要原因是迭部县白龙江自西向东流经县境,达拉、阿夏、多儿、腊子河等 20 多条支流从南北两侧汇入白龙江,地表水资源十分丰富。另外,迭部县人口少,工业化程度低,以牧业为主,水资源利用压力小。

迭部县水资源虽然处于不超载状态,但通过调研,发现迭部县存在水资源利用率低的情况。由于迭部县灌溉技术落后,循环利用少,节水设施投入严重不足,再加上人们的节水意识淡薄,存在水资源重复利用率低及处理回用率低等情况,水资源浪费严重。

2. 政策预研

(1)严格控制水资源消耗总量和强度。应坚持水资源消耗总量和强度的双控及转变经济发展方式相结合,因水定需,因水制宜,强化水资源承载能力刚性约束,促进人口经济与资源环境相均衡,促进水资源利用效率和效益的全面提升推动经济增长和转型升级。

(2)大力推广节水技术的应用。应加大宣传教育力度,增强公众节水意识,形成节水的良好风气。另外,应加强节水设施的投入,推广新型灌溉技术,引进先进技术和技术创新,通过优化集成各项节水措施,提高水资源利用率。

(3)加强水资源保障体系建设。应充分提高水资源的"有效性"和"转化效率",明确水资源开发利用上限,科学制定并有效实施管控措施,根据水资源分布特点,因地制宜高效利用和有效保护水资源,促进水资源可持续利用。

三、环　境

1. 成因解析

迭部县坏境承载力评价中,大气环境评价指标和水环境评价指标均不超标,近 5 年来(2013—2017 年),迭部县大气(二氧化硫、氮氧化物)和水污染物(化学需氧量、氨氮)排放强度均呈下降趋势,并且排放强度增速均低于全国平均水平,这不仅得益于迭部县本身良好的生态环境,也与迭部县狠抓环保,制定相关环保政策密不可分。迭部县始终把生态文明建设摆在重要位置,以创建全域无垃圾示范区为抓手,坚持"保护、发展、稳定"的原则,严守生态功能保障基线、环境质量安全底线、自然资源利用上线三大红线;严格落实《甘肃省甘南藏族自治州生态环境保护条例(修订)》等一系列政策法规,实行最严格的源头保护制度、损害赔偿制度、责任追究制度和审批制度,同时把"党政同责、一岗双责、齐抓共管、失职追责"具体化,将生态环境保护责任落实情况纳入全县年度绩效考核重要内容,制定出台了《迭部县党政领导干部生态环境损害责任追究实施细则(试行)》《迭部县生态文明建设目标评价考核实施细则》等规章制度,构建了分解明责、监督履责、失职问责的责任体系。

2. 政策预研

(1)可持续利用森林资源,发展森林生态旅游。通过对迭部县的环境评价可知,迭部县大气污染物和水污染物均不超标,森林覆盖率高,空气质量好,白龙江横贯全境,水质优良。为使这种良好的环境质量得以保持,建议迭部县可持续利用森林资源,大力发展生态旅游,发挥出自然景观壮美、秀丽的林区优势,依托丰富多彩的人文景观、色彩纷呈的民俗文化,建造人和自然零距离接触的乐土,让游客深刻感受藏族文化,凭借自然、环保的森林生态旅游吸引更多游客,助力生态旅游可持续发展。

(2)重视环境保护宣传,保持环境监管力度。迭部县始终把生态文明建设摆在重要位置,牢固树立了"绿水青山就是金山银山"的理念,通过多媒体、会议、专题讲座等形式培养群众的环保理念,开展各类以环保为主题的公益活动,加强人民自觉保护环境的意识;加大监管力度,完善生态环境监管制度,定期进行环境监管,增强重点企业的监管力度,确保经济活动在生态可承载能力之内。

四、生 态

1. 成因解析

水热充沛、海拔相对高差大、无霜期长的气候,造就了迭部县丰富多样的生物资源,其中尤以森林资源突出。迭部县是甘肃省的重点林业生产区,林业资源丰富,森林覆盖率达60%以上。除主要农畜产品外,迭部县野生经济作物和菌类资源的种类丰富。

迭部县人民政府坚持保护与建设并重,县委、县政府以"生态立县"为工作主线和着力点,以抓住重点、突出亮点、攻克难点为抓手,积极开展环境污染治理,大力推进生态环境保护与建设,努力提升环境监管能力。

迭部县本身丰富的资源和政府对生态环境采取的有效措施,使得迭部县生态承载力呈现"较强"状态。

2. 政策预研

(1)加强林地草地生态系统的保护和合理利用。实施"退耕还林""退耕还草"等重大生态保护工程。遵循森林植被群落自然演替规律,利用林木天然更新能力,使疏林地、散生木林等林业用地自然成林,从而达到维持森林生态系统稳定性的目的。对易造成水土流失的坡耕地,有计划、分步骤地停止耕种。本着宜乔则乔、宜灌则灌、宜草则草、乔灌草结合的原则,因地制宜地造林种草,恢复林草植被。在规划畜牧业发展时,首先考虑到草场的承载能力,把经济效益和生态效益结合起来,使生产活动可持续发展。种植优良牧草,大力发展草地农业。要在适宜种植牧草地区大力种植优良牧草和培育人工草地,将收获的牧草用于补给牧区,既能保证牧区牲畜的过冬存活,而且也能提高迭部县农区的农业生产效率。将牧区的牲畜在农区补饲育肥,这样既能减轻牧区的草场压力,又能使农区通过种草获得较高的经济效益。

(2)建立健全生态补偿机制。为有效保护森林和草地资源,实现自然资源的可持续利用,就必须加大自然资源生态保护行为的补偿。采取政策扶持和财政转移等手段,按照"谁开发谁保护,谁破坏谁恢复,谁受益谁补偿,谁污染谁付费"的生态补偿原则,建立森林补偿基金制度,以封山育林育草、人工造林等生物措施为主。在补偿过程中,需要有所侧重,区别对待,对于在生态保护过程中牺牲较大利益的地区进行重点补偿。此外,生态补偿是一个系统工程,单纯的经济补偿方式达不到实现生态保护区域可持续发展的目的。应探索综合运用财政政策、产业政策、基金投入,以及引导社会投入等多种补偿方式手段实施生态补偿。

第十四章　三类空间划定研究

　　三类空间是迭部县构建生态安全格局、优化国土空间开发、落实国土空间有效管控、提升国土空间治理能力和效率的重要手段。三类空间划定以主体功能区规划为基础,按照资源环境承载能力和国土空间开发适宜性评价结果科学划定。

　　迭部县三类空间划分目的和原则与临泽县一致,继续秉持科学定位、生态优先、底线控制、统筹衔接和清晰界定的原则。

一、迭部县规划现状

　　迭部县工农业等产业的布局及发展的主要依据有《迭部县国民经济和社会发展第十三个五年规划》《迭部县土地利用总体规划》《迭部县城市总体规划 2010—2030》、国家和省级主体功能区规划、《甘肃扎尕那省级森林公园总体规划 2018—2030》等规划,此外还有基本农田、生态红线、公益林、保护区等数据。由于迭部县各规划之间规划期限不一致、空间坐标系统不统一,难免冲突频现。迭部县规划冲突主要集中在城市规划范围和土地利用规划中限制建设区,基本农田在生态红线和保护区、城市规划和公益林范围内等,如图 14.1 所示。

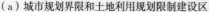

（a）城市规划界限和土地利用规划限制建设区　　　　（b）基本农田位于保护区内

图 14.1　迭部县规划冲突现象

二、三类空间划定方法

　　迭部县在甘肃省主体功能区规划中属于限制开发区,是甘肃省乃至全国的重点生态功能区,关系全国或区域生态安全,需要在国土空间开发中限制进行大规模高强度工业化城镇化开发,以保持并提高生态产品供给能力的区域。迭部县重点生态功能区定位为重要的水源涵养区、水土保持区和生物多样性维护区。

　　生态保护的最小边界是以生态红线为基础,生成的最小边界,因为是限制开发区,需要综合考虑保护区因子、实际的地表覆盖。自然保护区包括迭部县阿夏自然保护区、腊子口国家森林公园、扎尕那国家地质公园、多儿自然保护区、洮河自然保护区。丰富的自然资源使得迭部县生态保护的最小边界也已经占了总面积的 2/3。

农业保护的最小边界是基本农田扣除了和保护区冲突的部分(图 14.3)。迭部县生态保护最小边界划定如图 14.2 所示,主要分布在白龙江沿河流域,这些地区地势较为平坦,水资源充沛,易灌溉耕作,适宜农业发展。

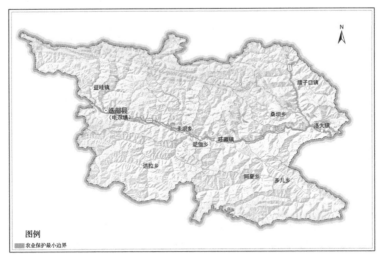

图 14.2　迭部县农业保护最小边界划定

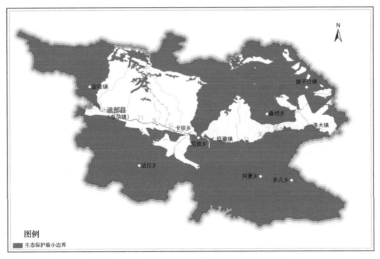

图 14.3　迭部县生态保护最小边界划定

迭部县城镇发展的最大边界就是迭部县城市总体规划规划区的最大范围,主要分布在迭部县县城(图 14.4)。

鉴于迭部县的主体功能区定位和生态战略的重要性,在迭部县三类空间划定中应该遵循生态优先的原则。再者,迭部县地广人稀,人口仅有 5.36 万人,人类活动影响比较小,地表覆盖类型以林地和草地为主,类型相对单一。考虑到上述因素,迭部县三类空间划定的方法也简化了之前临泽县三类空间划定的方法,步骤如下:

第一步:按照保护区范围、生态红线、基本农田、城市规划范围、公益林等数据范围,将保护区、生态红线和公益林等数据归入生态空间,基本农田归入农业空间,城市规划范围归入城镇

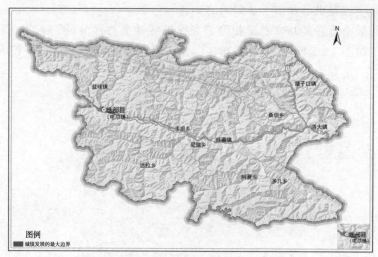

图 14.4   迭部县城镇发展最大边界划定图

空间。

第二步:以生态优先为原则,综合考虑空间开发适宜性评价、资源环境承载能力评价和土地实际用途,处理第一步生成结果的三类空间的空间矛盾,并划定未划定区域的三类空间。

第三步:按照影像和土地利用现状对三类空间界线进行调整,使之与地类界线相适应,并进行外业踏勘调查界线的合理性。

第四步:由迭部县人民政府确认三类空间。

三、三类空间划定结果

应用资源环境承载能力评价和国土空间开发适宜性评价各单项指标评价结果,依据《三区三线划定技术规程》,从生态功能、农业功能和城镇功能三个角度,分别对迭部县全域进行适宜程度评价,评价结果均划分为高、中、低三个等级。通过不同适宜程度功能区遴选,划定生态、农业、城镇三类空间,详见表 14.1 和图 14.5。

迭部县生态空间划定为 5 025.96 平方千米,三类空间中生态空间面积最大,占全域总面积的 98.39%。

迭部县城镇空间划定为 2.44 平方千米,仅占全区总面积的 0.05%,主要位于迭部县城及县城周边区域。

迭部县农业空间划定为 79.60 平方千米,占全区总面积的 1.56%,主要沿河谷分布在白龙江以北的区域及南部零星区域。

表 14.1   迭部县主体功能定位及三类空间面积比例

三类空间	面积/平方千米	比例
城镇空间	2.44	0.05%
农业空间	79.60	1.56%
生态空间	5 025.96	98.39%

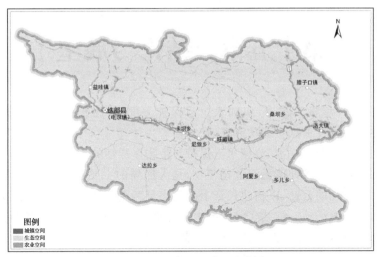

图 14.5　迭部县三类空间划定

第十五章　结论与展望

（1）迭部县生态环境极为重要，应加大生态保护力度，构建长江上游生态屏障。迭部县地处国家秦巴生物多样性重点生态功能区，在甘肃省主体功能区中属于限制开发区的重点生态功能区，是长江上游"两江一水"流域水土保持与生物多样性的生态功能区，区域内水资源丰富，生物资源富集多样，有多种珍稀濒危动植物，是大熊猫的主要栖息地之一。应坚持严格保护、合理利用、休养生息的方针，以构建长江上游生态屏障为重点，加强生态保护，减少与主体功能定位不一致的开发活动。继续实施国家生态环境建设重点县综合治理工程、天然林资源保护工程、陡坡地退耕还林还草工程、宜林荒山荒地造林绿化工程、基本农田建设工程、小型水利水保工程、草地治理工程及农村能源工程等，稳步推进生态移民，建设全国重要的生态功能区。

（2）迭部县资源环境承载能力处于不超载状态，预警等级为"绿色无警区"。迭部县土地资源评价为压力小、水资源评价为不超载、环境评价为不超标、生态评价为不超载，专项评价中水源涵养评价为高、生物多样性评价为高。过程评价通过资源环境耗损指数反映，该指数由资源利用率变化（土地资源利用效率和水资源利用效率）、污染物排放强度变化（水污染物排放强度和大气污染物排放强度）和生态质量变化3项指标集合而成评价，迭部县为资源环境耗损"趋缓型"。

（3）依靠迭部县优势资源，主抓特色产业。迭部县是国家级的贫困县，也是甘南藏区重要的组成部分，经济基础底子薄，产业结构单一，在生态保护和经济协调发展的进程中，既要绿水青山，也要金山银山。第一，依靠迭部县地方特色，围绕雌犏牛、蕨麻猪和藏羊打造畜产品养殖、加工和销售的产业链；第二，充分利用迭部县的气候条件和光热资源，加强藏中药材、经济林果、高原蔬菜等产业的培育和发展；第三，迭部县和四川省九寨沟县山水相连，迭部县在拥有美丽山水的同时，还拥有红色旅游胜地腊子口景区、俄界会议遗址和茨日那毛主席旧居。迭部县丰富的自然和人文旅游资源，也使旅游业得到了飞速的发展，但也存在交通的约束和相关旅游配套设施不完善的问题，亟待改善；第四，由于迭部县在主体功能区属于限制开发区，对于采矿和水电资源仅可适度开发。

（4）科学布局迭部发展规划，打造宜居宜游生态城。按照"一心、一轴、两片"的总体布局建设迭部县。县城所在地电尕镇为一心，是迭部县人口和产业最集中的地区，形成带动县城发展的最重要的增长极。一轴为沿345国道和白龙江两岸，主要依托345国道和白龙江，充分利用交通和水电资源，发挥沿国道和沿江经济活动比较活跃和人口聚集度较高的优势。两片为核心发展区、农贸综合区，核心发展区为一轴周边乡镇，农贸综合区为其他乡镇。在迭部县构建以点连轴，以轴带面的发展格局，加大迭部县公共基础设施建设、提高县城和各乡镇绿化美化建设，积极推进美丽乡村建设，加强人工造林、封山育林和公益林工程建设，将迭部县打造成为宜居宜游的森林县城。

参考文献

曹丽娟,张小平,2017.基于主成分分析的甘肃省水资源承载力评价[J].干旱区地理,40(4):906-912.

陈芳淼,田亦陈,袁超,等,2015.基于供给生态服务价值的云南土地资源承载力评估方法研究[J].中国生态农业报,23(12):1605-1613.

邓波,龙瑞军,2003. 区域生态承载力量化方法研究述评[J].甘肃农业大学学报,38(3):281-289.

邓宗成,孙英兰,周浩,等,2009.沿海地区海洋生态环境承载力定量化研究——以青岛市为例[J].海洋环境科学,28(4):438-441.

狄乾斌,张洁,吴佳璐,2014.基于生态系统健康的辽宁省海洋生态承载力评价[J].自然资源学报,29(2):256-264.

丁建中,陈逸等,2008.基于生态经济分析的泰州空间开发适宜性分区研究[J].地理科学,28(6):842-848.

杜世勋,郭新亚,荣月静,2018.基于Budyko假设和SCS-CN模型的河源区水源涵养功能研究[J].水土保持研究,25(1):147-152.

樊杰,刘汉初,王亚飞,等,2016.东北现象再解析和东北振兴预判研究——对影响国土空间开发保护格局变化稳定因素的初探[J].地理科学,36(10):1445-1456.

樊杰,2007.我国主体功能区划的科学基础[J].地理学报,62(4):339-350.

傅湘,纪昌明,1999.区域水资源承载能力综合评价——主成分分析法的应用[J].长江流域资源与环境,8(2):168-172.

高彦春,刘昌明,1997.区域水资源开发利用的研究[J].水利学报(8):73-79.

高志娟,刘昭,王飞,2017.水资源承载力与可持续发展研究[M].西安:西安交通大学出版社.

顾康康,2012.生态承载力的概念及其研究方法[J].生态环境学报,21(2):389-396.

郭力嘉,段事恒,徐琳瑜,2017.北京市大气环境质量的模糊数学综合评价方法的应用[J].西南师范大学学报(自然科学版),42(11):130-136.

何沙玮,2018.基于双层图模型的我国大气污染跨省协同治理冲突分析[J].南京航空航天大学学报(社会科学版),20(4):28-34.

胡森,张宁,王罗娟,等,2017.多源数据对黑臭水体整治的遥感监测[J].环境与发展,29(9):159-161.

黄国勇,陈兴鹏,2003.甘南藏族自治州土地承载力的系统动力学分析[J].兰州大学学报,39(4):75-79.

黄剑彬,戴文远,黄华富,等,2017.基于景观指数和生态足迹的平潭岛生态承载力研究[J].福建师范大学学报(自然科学版),33(1):75-81.

黄玲凌,王平,刘淑英,等,2013.甘南牧区土地利用结构的时空变化研究[J].水土保持研究,20(3):226-236.

黄贤金,2018.美丽中国与国土空间用途管制[J].中国地质大学学报(社会科学版),18(6):1-7.

贾克敬,张辉,徐小黎,等,2017.面向空间开发利用的土地资源承载力评价技术[J].地理科学进展,36(3):335-341.

贾嵘,薛惠峰,解建仓,等,1998.区域水资源承载力研究[J].西安理工大学学报,14(4):382-387.

姜北,2017.海河流域水环境质量评价与预测方法研究[D].郑州:华北水利水电大学.

姜秋香,付强,王子龙,2011.基于粒子群优化投影寻踪模型的区域土地资源承载力综合评价[J].农业工程学报,27(11):319-324.

蒋晓辉,黄强,惠泱河,等,2001.陕西关中地区水环境承载力研究[J].环境科学学报,21(3):312-317.

金悦,陆兆华,檀菲菲,等,2015.典型资源型城市生态承载力评价——以唐山市为例[J].生态学报,35(14):4852-4859.

李成,李海波,高丹丹,等,2017.基于AHP模型评价武汉市大气环境质量[J].湖北大学学报(自然科学版),39(04):372-375,384.

李焕,黄贤金,等,2017.长江经济带水资源人口承载力研究[J].经济地理,37(1):181-186.

李娜,2009.基于 GIS 的仪征空间开发适宜性分区研究[J].地域研究与开发,28(2):123-128.

李平,向太吉,侯淑敏,等,2015.渭河陕西段水环境质量评价[J].渭南师范学院学报,30(10):40-45.

李庆贺,武博祎,杨珺丽,等,2014.福建省城市水资源承载力综合评价研究[J].水资源与水工程学报,25(4):147-151.

李洋,2018. 对流层臭氧的时空变化及影响因子研究[D].兰州:兰州大学.

李盈盈,刘康,胡胜,等,2015.陕西省子午岭生态功能区水源涵养能力研究[J].干旱区地理,38(3):636-642.

刘爱华,2017.北京市南沙河流域水环境质量评价研究[J].中国环保产业(6):63-67.

刘佳骏,董锁成,李泽红,2011.中国水资源承载力综合评价研究[J].自然资源学报,26(2):258-269.

刘建军,李春来,邹永廖.贵阳市区土地资源评价模型的建立[J].地质地球化学,29(2):66-71.

刘雷,2013.区域资源环境承载力评价与国土规划开发战略选择研究——以皖江城市带为例[M].北京:人民出版社.

刘敏,聂振龙,王金哲,等,2017.华北平原地下水资源承载力评价[J].南水北调与水利科技,15(4):13-19.

刘晓清,张振文,沈炳岗,等,2012.秦岭生态功能区森林水源涵养功能的经济价值估算[J].水土保持通报,32(1):177-180.

刘琰,郑丙辉,2013.欧盟流域水环境监测与评价及对我国的启示[J].中国环境监测,29(4):162-168.

吕琳莉,李朝霞,崔崇雨,2018.高原河流溶解氧变化规律研究[J].环境科学与技术,41(7):133-140.

吕一河,傅微,李婷,等,2018.区域资源环境综合承载力研究进展与展望[J].地理科学进展,37(1):130-138.

洛建雄,杜政,2017.大丰区生态承载力评价[J].地理空间信息,15(3):44-48.

马珍,黄亮,2017.广安市国土空间开发适宜性评价[J].资源与环境(1):185-187.

毛文永,1998.生态环境影响评价概论[M].北京:中国环境科学出版社.

潘东旭,冯本超,2003.徐州市区域承载力实证研究[J].中国矿业大学学报,32(5):590-600.

齐红倩,王志涛,2016.生态经济学发展的逻辑及其趋势特征[J].中国人口资源与环境,26(7):101-109.

祁豫玮,顾朝林,2010.市域开发空间区域方法与应用——以南京市为例[J].地理研究,29(11):2035-2044.

强真,等,2017.区域国土空间规划编制实证研究——以广西北部湾经济区为例[M].北京:人民出版社.

乔盛,白宏涛,张稚妍,等,2011.生态导向的城市发展土地资源承载力评价研究[J].生态经济(7):33-37.

秦成,王红旗,田雅楠,等,2011.资源环境承载力评价指标研究[J].中国人口资源与环境,21(s2):335-338.

曲耀光,樊胜岳,2000.黑河流域水资源承载力分析计算与对策[J].中国沙漠,20(1):1-8.

阮本清,沈晋,1998.区域水资源适度承载能力计算模型研究[J].土壤侵蚀与水土保持学报,4(3):57-61.

沈渭寿,张慧,邹长新,等,2010. 区域生态承载力与生态安全研究[M].北京:中国环境科学出版社.

施雅风,曲耀光,1992.乌鲁木齐河流域水资源承载力及其合理利用[M].北京:科学出版社.

史利莎,彭莹,黄璐,等,2012.甘肃省迭部县扎尕那生态人居多层次景观空间解构[J].地理科学,32(4):485-491.

宋昊,孙立梅,刘丹,2015.地理信息成果在资源承载力评价中的应用研究[J].测绘与地理空间信息,38(12):80-81.

宋洁,2017.基于改进 FAHP 方法的水环境质量评价研究[D].兰州:兰州大学.

孙才志,陈玉娟,2011.辽宁沿海经济带水资源承载力研究[J].地理与地理信息科学,27(3):63-77.

孙富行,王志红,李学启,等,2014.水资源承载力分析与应用[M].郑州:黄河水利出版社.

孙伟,陈雯,陈诚,2010.水环境协同约束分区与产业布局引导研究——以江苏省为例[J].地理学报,65(7):819-827.

孙小燕,杨萍果,敖红,等,2017.山西省 2015 年细颗粒物的污染状况和空间分布[J].地球环境学报,8(5):459-468.

唐常春,2012.长江流域国土空间开发适宜性综合评价[J].地理学报,67(12):1587-1598.

王殿茹,赵淑芹,李献士,2009.环渤海西岸城市群水资源对经济发展承载力动态评价研究[J].中国软科学

(6):86-93.

王建华,江东,1999.基于SD模型的干旱区城市水资源承载力预测研究[J].地理学与国土研究,15(2):18-22.

王开运,邹春静,张桂莲,等,2007.生态承载力复合模型系统与应用[M].北京:科学出版社.

王奎峰,李娜,于学峰,等,2018.基于P-S-R概念模型的生态环境承载力评价指标体系研究——以山东半岛为例[J].环境科学学报,34(8):2133-2139.

王蕾,孜比布拉·司马义,杨胜天,等,2018.北疆主要城市的大气污染状况分析[J].干旱区资源与环境,32(6):182-186.

王双银,宋孝玉,2014.水资源评价(第2版)[M].郑州:黄河水利出版社.

温亮,游珍,林裕梅,等,2017.基于层次分析法的土地资源承载力评价——以宁国市为例[J].中国农业资源与区划,38(3):1-6.

吴丹,邹长新,高吉喜,等,2017.水源涵养型重点生态功能区生态状况变化研究[J].环境科学与技术,40(1):174-179.

吴艳娟,杨艳昭,杨玲,等,2016.基于"三生空间"的城市国土空间开发建设适宜性评价——以宁波市为例[J].资源科学,38(11):2072-2081.

向秀荣,潘韬,吴绍洪,等,2016.基于生态足迹的天山北坡经济带生态承载力评价与预测[J].地理研究,35(5):875-884.

晓兰,王丹丹,2016.内蒙古自治区水资源人口承载力动态分析[J].内江师范学院学报,31(12):72-81.

熊建新,陈端吕,彭保发,等,2013.洞庭湖区生态承载力及系统耦合效应[J].经济地理,33(6):155-161.

徐琳瑜,杨志峰,2011.城市生态系统承载力[M].北京:北京师范大学出版社.

徐勇,刘艳华,汤青,2009.国家主体功能区划与黄土高原生态恢复[J].水土保持研究,16(6):1-5.

徐有鹏,1993.干旱区水资源承载能力综合评价研究——以新疆和田河流域为例[J].自然资源学报,8(3):229-237.

徐中民,程国栋,2000.运用多目标决策分析技术研究黑河流域中游水资源承载力[J].兰州大学学报(自然科学版),36(2):122-132.

许联芳,谭勇,2009.长株谭城市群"两型社会"试验区土地承载力评价[J].经济地理,29(1):69-73.

杨卫强,段汉明,2007.基于水资源承载力的水资源—经济—人口互适性研究——以渭南市为例[J].陕西理工学院学报,23(4):83-88.

杨永宇,2017.黑河流域水环境因子分析及水环境质量综合评价[D].银川:宁夏大学.

叶菁,谢巧巧,谭宁焱,2017.基于生态承载力的国土空间开发布局方法研究[J].农业工程学报,33(11):262-271.

余盼,熊峰,2015.安徽省水资源生态足迹动态分析:2005—2013[J].南京莲叶大学学报(人文社会科学版),12(1):79-86.

余万军,吴次芳,2007.基于生态足迹和农业生态区域法的土地人口承载力比较研究——以贵阳市为例[J].浙江大学学报:农业与生命科学版,33(4):466-472.

喻忠磊,张文新,梁进社,等,2015.国土空间开发建设适宜性评价研究进展[J].地理科学进展,34(9):1107-1122.

曾维华,王华东,薛纪渝,等,1998.环境承载理论及其在湄洲湾污染控制规划中的应用[J].中国环境科学,33(4):466-472.

张佩佩,董锁成,李泽红,等,2017.甘南藏族自治州生态足迹与生态承载力分析[J].生态科学,36(2):171-178.

张侠,胡琳,王琦,等,2018.2017年陕西气象条件对大气环境质量影响分析[J].陕西气象(1):25-29.

张霞,石宁卓,王树东,等,2015.土地资源承载力研究方法及发展趋势[J].桂林理工大学学报,35(2):280-287.

张永勇,夏军,王中根,2007.区域水资源承载力理论与方法探讨[J].地理科学进展,26(3):126-132.

朱士鹏,张志英,2017.贵阳市生态承载力评价及其障碍因素诊断[J].安徽大学学报(自然科学版),41(4):100-108.

朱小娟,刘普幸,赵敏丽,等,2013.甘肃省土地资源承载力格局的时空演变分析[J].土壤,45(2):346-354.

FAN J, SUN W, ZHOU K, et al, 2012. Major function oriented zone: new method of spatial regulation for reshaping regional development pattern in China[J]. Chinese Geographical Science, 22(2):196-209.

JURADO E N, TEJADA M T, GARCIA F A, et al, 2012. Carrying capacity assessment for tourist destinations, methodology for the creation of synthetic indicators applied in a coastal area [J]. Tourism Management, 33(6):1337-1346.

JUSUP M, KLANJSEEK J, 2007. Estimating ecological carrying capacity for finfish mariculture [C]// Abstracts of EcoSummit: Ecological Complexity and Sustainability: Challenges & Opportunities for 21st Century's Ecology. Beijing: Ecological Society of China:210.

SAATY T L, ALEXANDER J M, 1981. Thinking with models [M]. Oxford: Pergamon Press.

WILIAM E R, 1992. Ecological footprints and appropriated carrying capacity: what urban economics leaves out [J]. Environment and Urbanization, 4(2):121-130.